图说建筑工种技能轻松速成系列

图说装饰装修油漆工技能

张　琦　主编

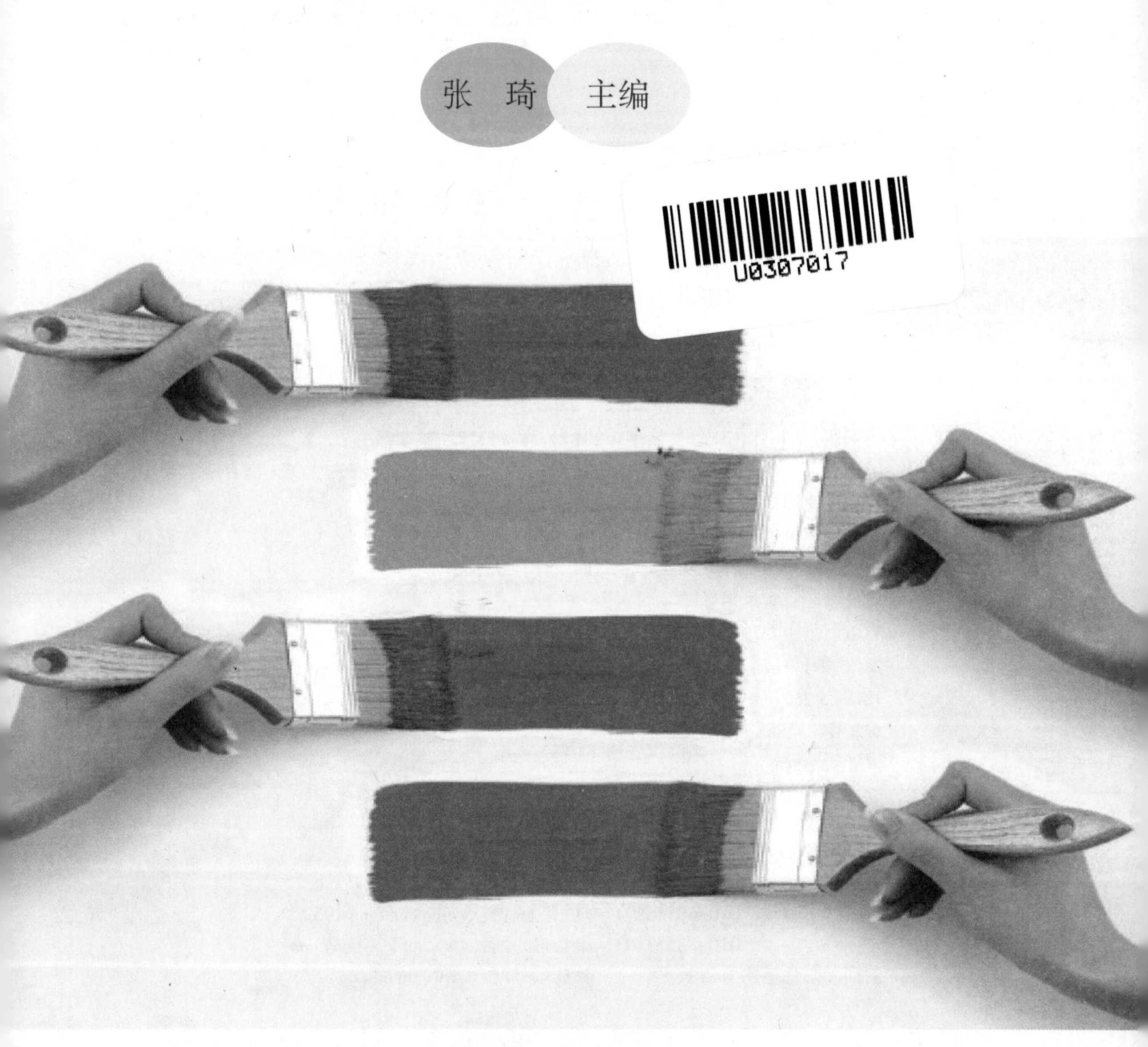

机械工业出版社
CHINA MACHINE PRESS

本书根据国家颁布的《建筑装饰装修职业技能标准》（JGJ/T 315—2016）以及《建筑装饰装修工程质量验收规范》（GB 50210—2001）、《民用建筑室内环境污染控制规范》（GB 50325—2010）、《建筑涂饰工程施工及验收规程》（JGJ/T 29—2015）、《建筑室内用腻子》（JG/T 298—2010）等标准编写，主要介绍了基础知识、常用材料、常用工具、涂饰施工、壁纸裱糊与软包工程、工程质量检查与问题防治等内容。本书结合《建筑装饰装修职业技能标准》讲解了装修工人施工实操的各种技能和操作要领，同时也讲解了装修材料的应用技巧，力求使装修工人在最短的时间内掌握实际工作所需的全部技能。本书采用图片、实操图配以简洁文字的形式编写，直观明了，方便学习。

本书适合家装工人、公装工人、从事住宅装修工作的其他工程人员阅读，可作为装修工人培训教材，对即将装修房屋的朋友也有一定的借鉴作用。

图书在版编目（CIP）数据

图说装饰装修油漆工技能 / 张琦主编. —北京：机械工业出版社，2018.1

（图说建筑工种技能轻松速成系列）

ISBN 978-7-111-58753-8

Ⅰ.①图…　Ⅱ.①张…　Ⅲ.①建筑装饰—工程装修—涂漆—图解　Ⅳ.①TU767.3-64

中国版本图书馆CIP数据核字（2017）第314743号

机械工业出版社（北京市百万庄大街22号　邮政编码100037）
策划编辑：闫云霞　　　　责任编辑：闫云霞　朱彩锦
责任校对：李　伟　刘秀芝　封面设计：张　静
责任印制：常天培
唐山三艺印务有限公司印刷
2018年2月第1版第1次印刷
184mm×260mm · 9.25印张 · 156千字
标准书号：ISBN 978-7-111-58753-8
定价：36.00元

编委会

主　编　张　琦

参　编　牟瑛娜　张宏跃　王志云　王红微　孙石春　李　瑞

何　影　张黎黎　董　慧　白雅君

前　言

油漆工程是家居装修非常重要的部分，也是硬装的最后一道工序。油漆工程是装修中的面子工程，好的油漆施工不仅能给家居带来光鲜的外表，还能掩盖隐蔽工程施工的瑕疵。油漆施工涉及方方面面，编者以家庭装修为基础编写，通过介绍家庭住宅装修的实际操作，去展示装修装饰行业的需求潮流及操作方法，给予装修工人必要的操作技能指导，使装修工人技术水平得到快速提高。因此，我们组织编写了这本书，旨在提高油漆工专业技术水平，确保工程质量和安全生产。

本书根据国家颁布的《建筑装饰装修职业技能标准》（JGJ/T 315—2016）、《建筑装饰装修工程质量验收规范》（GB 50210—2001）、《民用建筑室内环境污染控制规范》（GB 50325—2010）、《建筑涂饰工程施工及验收规程》（JGJ/T 29—2015）、《建筑室内用腻子》（JG/T 298—2010）等标准编写，主要介绍了基础知识、常用材料、常用工具、涂饰施工、壁纸裱糊与软包工程、工程质量检查与问题防治等内容。本书结合《建筑装饰装修职业技能标准》讲解了装修工人施工实操的各种技能和操作要领，同时也讲解了装修材料的应用技巧。力求使装修工人在最短的时间内掌握实际工作所需的全部技能。本书采用图片、实操图配以简洁文字的形式编写，直观明了，方便学习。

本书适合家装工人、公装工人、从事住宅装修工作的其他工程人员阅读，可作为装修工人培训教材，对即将装修的人也有一定的借鉴作用。

由于学识和经验所限，虽然编者尽心尽力，但书中疏漏或未尽之处在所难免，敬请读者批评指正。

编　者

2017 年 5 月

目　录

第一章 基础知识

第一节 色彩常识

一、色彩的混合与变化

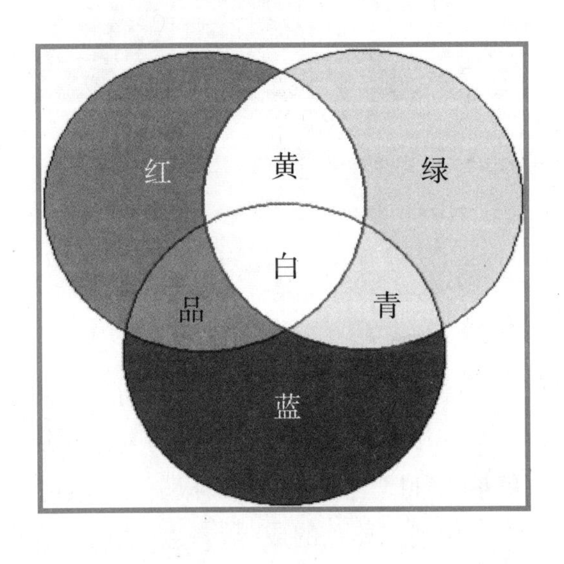

色光的混合

色光的混合称之为加色法的颜色混合。色光的混合始于牛顿，红光加绿光产生黄光，红橙黄绿青蓝紫七色相加合成白光。

颜料色的混合

颜料色的混合称之为减色法的颜色混合。绘画是用颜料来表现光。颜料本身不能产生光，它只是一种在一定光照下的显色物质。无论是透明色彩的调和或是直接混合颜料，对于光而言，都是在做减法，其原理和加光混合法并非无缘，在道理上是相通的，只不过在光亮的程度上是方向相反的。

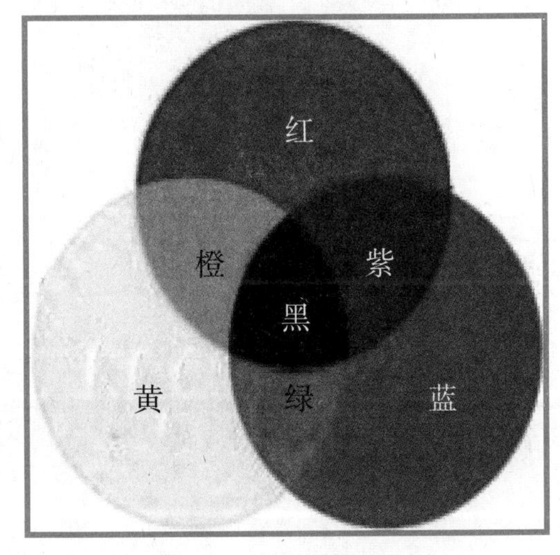

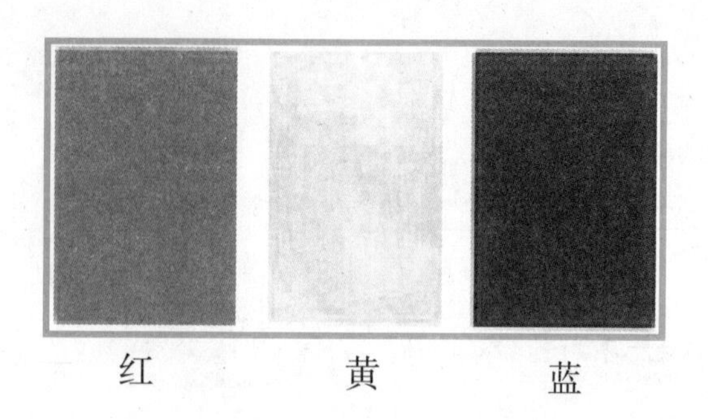

三原色

色光的三原色是：红、绿、蓝。颜料的三原色是：红、黄、蓝。颜料中的三原色是其他颜色混合后无法得到的颜色。

三间色

由三原色中某两种原色混合而来的，即橙、绿、紫为三间色，也称二次色。

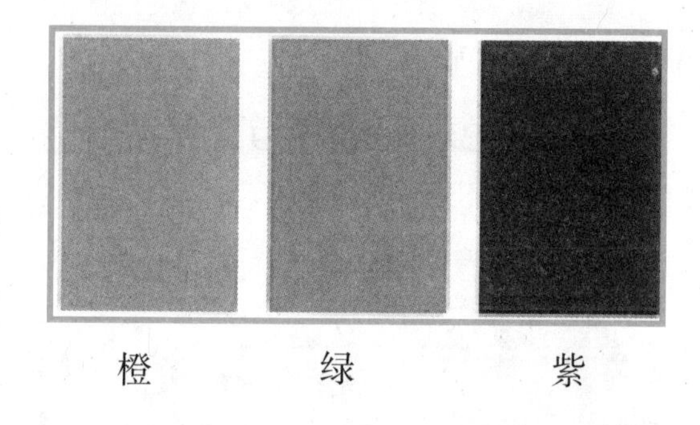

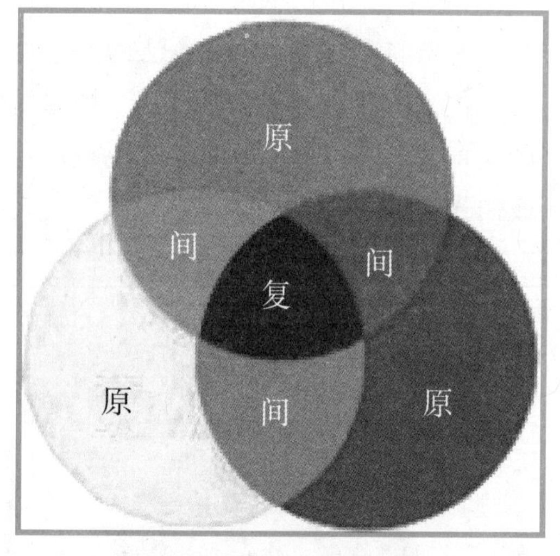

复色

将三原色中的一种原色与间色或两种间色相混合得出来的色称为复色。复色是三种以上颜色混合而成，任何复色均可找到三原色的成分，只是他们混合的分量不同。复色有无数个，极其丰富。

光谱色

太阳光中的红、橙、黄、绿、青、蓝、紫七色光称为光谱色，光谱色是最饱和的纯色，也称标准色。

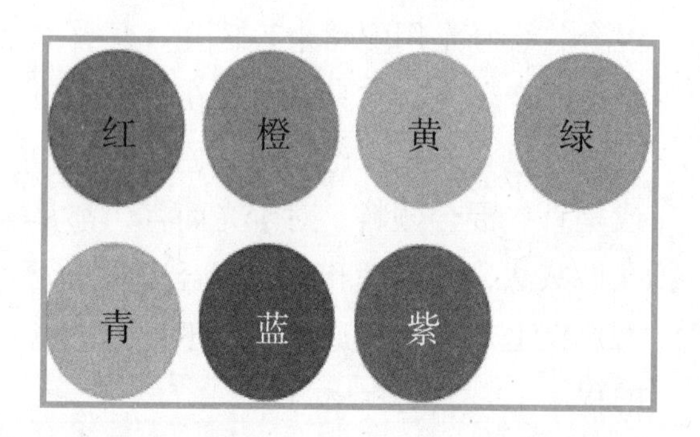

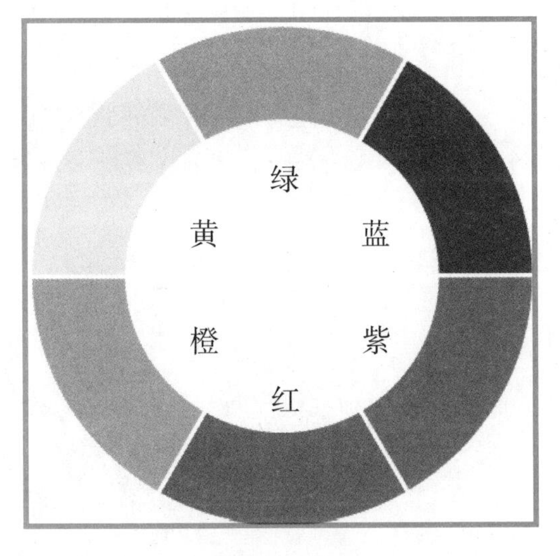

六色环

色环

色环是为了学习和掌握各种色彩关系和规律而制作的，将红、橙、黄、绿、蓝、紫六种光谱色首尾相联形成一个环状的色带叫六色相环，也有将黄、黄橙、橙、红橙、红、红紫、紫、蓝紫、蓝、蓝绿、绿、黄绿十二个颜色做成十二色相环。此外，还有奥斯特·瓦尔德和日本色彩研究所分别制作出的各具特点的二十四色相环。

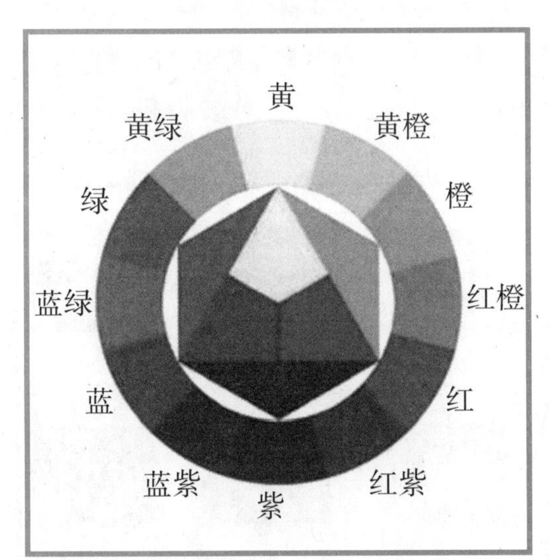

十二色环

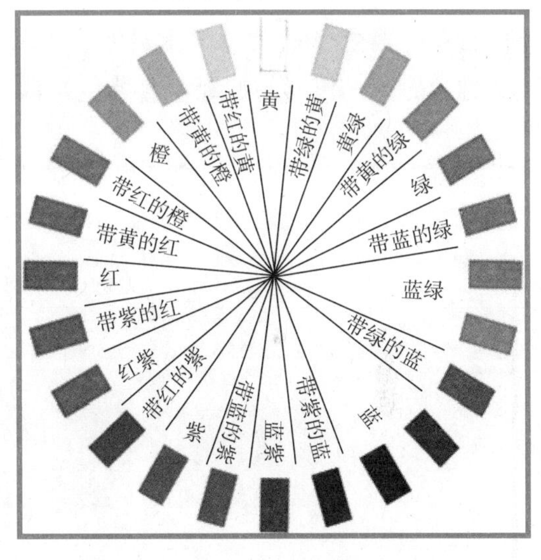

二十四色环

同类色

同类色是同一种颜色中加不同等份的白色或黑色得到的深浅不同的颜色如深红、红、浅红。

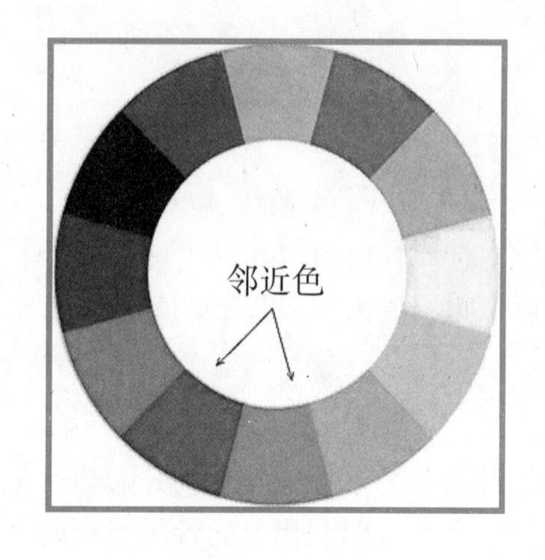

邻近色

邻近色是在色环上相互邻近的几个色。

冷色、暖色、中性色

把红色、橙、黄与太阳、火联想起来，产生一种温暖的感受，通常称为暖色；把青色、蓝色、蓝紫色与水、冰、雪联想起来，产生一种清凉、寒冷的感觉，通常称为冷色。色彩中的绿色、紫色则称为中性色。

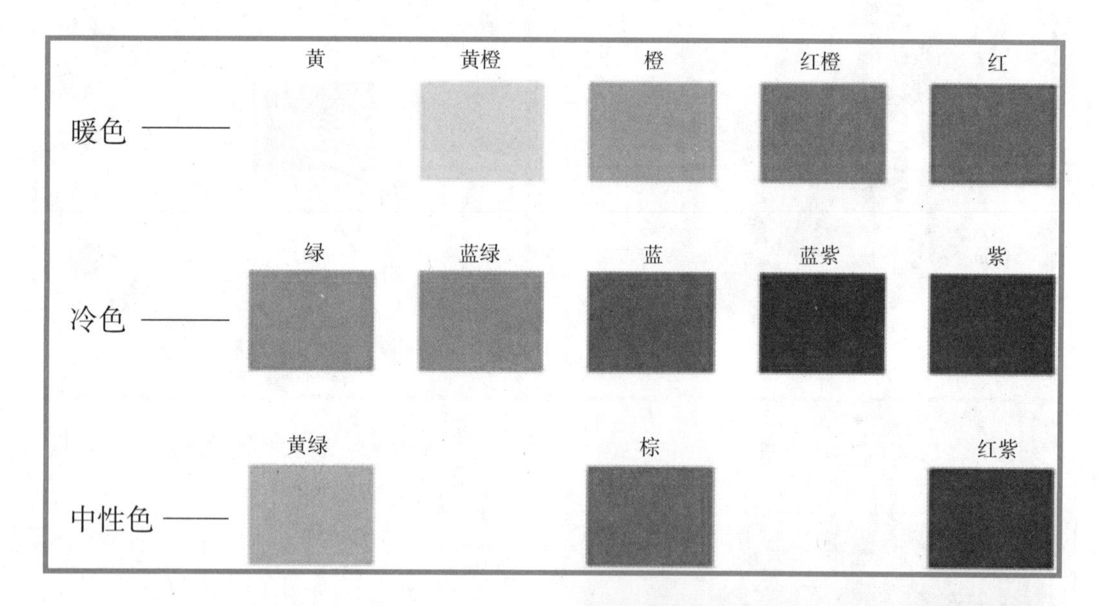

补色

一种原色和另外两种原色调配的间色互称补色或对比色。如红与绿，绿是由黄、蓝两种颜色调配的间色。

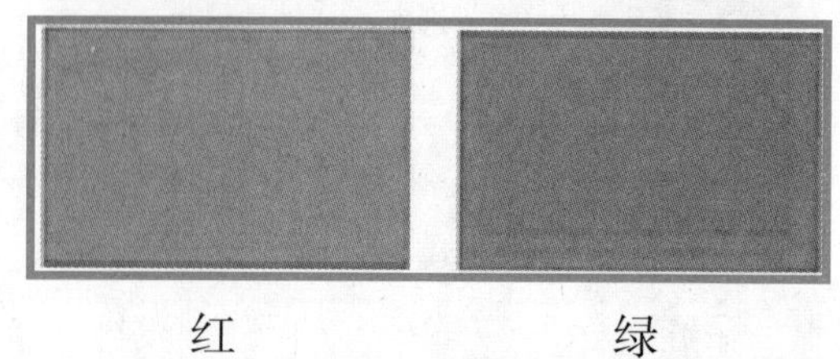

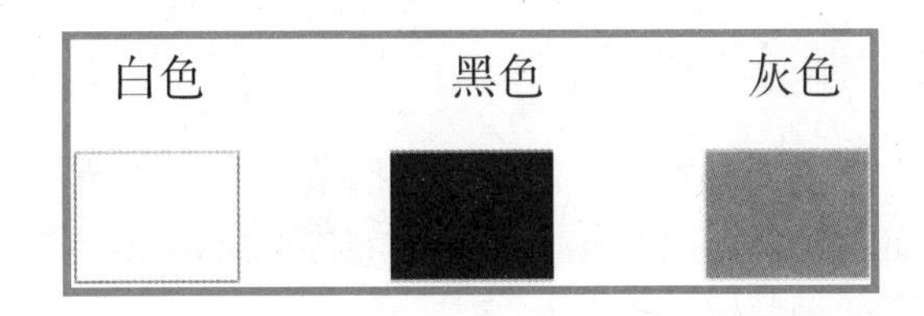

无彩色

黑色、白色、灰色、金色、银色属于非色彩系列，也称消色。

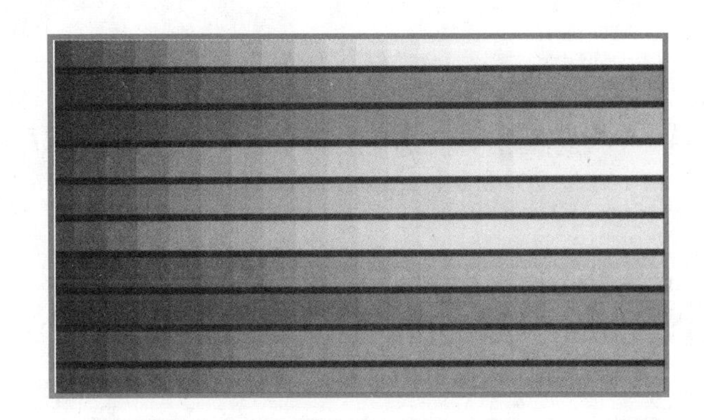

色阶

色阶是一种颜色由浅至深明度变化所形成的差别等级。

二、色彩的属性

色相

色相即每种色彩的相貌、名称，如红、橙、黄、绿、青、蓝、紫等。色相是区分色彩的主要依据，是色彩的最大特征。

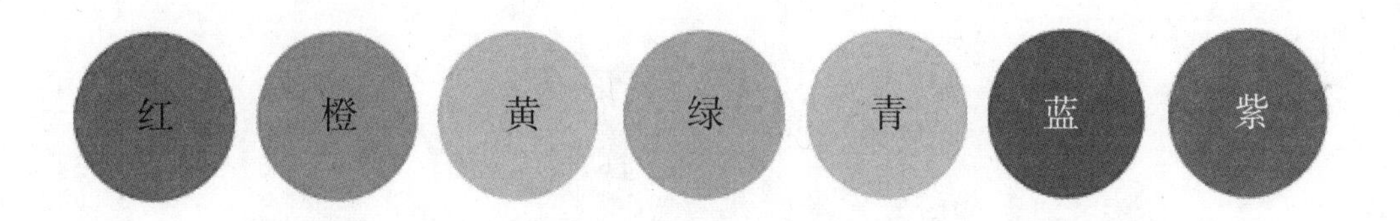

明度

明度即色彩的明暗差别，也即深浅差别。色彩的明度差别包括两个方面：一是指某一色相的深浅变化，如藏蓝、中蓝、浅蓝都是蓝，但一种比一种浅；二是指不同色相间存在的明度差别，如六标准色中黄最浅，紫最深，橙和绿、红和蓝处于相近的明度之间。

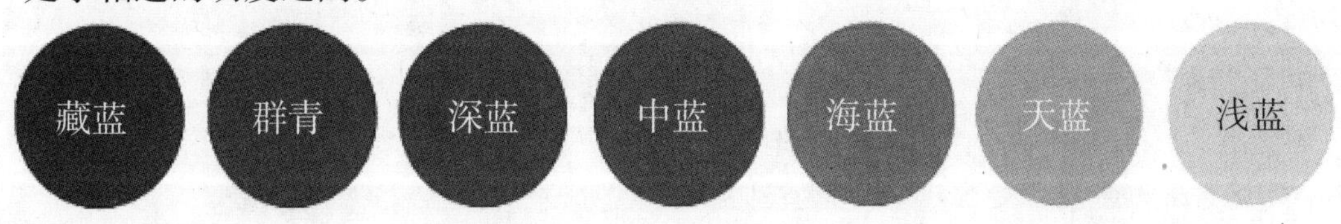

纯度

纯度即各色彩中包含的单种标准色成分的多少。纯度高的色色感强，即色度强。所以，纯度亦是色彩感觉强弱的标志。不同色相所能达到的纯度是不同的，其中红色纯度最高，绿色纯度相对低些，其余色相居中，同时明度也不相同。

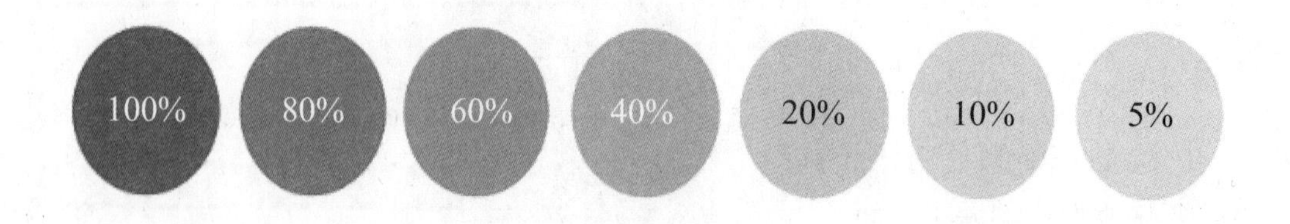

三、室内装修不同空间的色彩搭配

卧室

卧室是人们睡眠休息的地方，对色彩的要求较高，不同年龄对卧室色彩要求差异较大。儿童卧室，色彩以明快的浅黄、淡蓝等为主。到青年期时，男女特征表现明显，男青少年宜以淡蓝色的冷色调为主，女青少年的卧室最好以淡粉色等暖色调为主，新婚夫妇的卧室应该采用激情、热烈的暖色调，颜色浓重些也不妨碍。中老年的卧室，宜以白、淡灰等色调为主。

客厅

客厅是全家展示性最强的部位，色彩运用也最为丰富，客厅的色彩要以反映热情好客的暖色调为基调，并可能有较大的色彩跳跃和强烈对比，突出各个重点装饰部位。色彩浓重，才能显得高贵典雅，因此，地面宜选用深红、黑等重颜色。墙面宜根据家庭的爱好，一般以选用红、紫、黄等颜色为主，顶部的色彩则依靠金黄色的装饰灯及其光线构造出富丽堂皇的色彩效果。客厅的色彩变化，很大程度上依赖家具色彩的变化来实现，在选择客厅沙发、陈列柜等家具时，宜选择同结构装修色彩对比度大的，并要求其饰面色彩较为丰富。例如，在黑色地面上安放浅黄色沙发，沙发布艺又是以绿色为主的多色彩图案，装饰效果就会十分突出。

书房

书房是认真学习、冷静思考的空间，一般应以蓝、绿等冷色调的设计为主，以利于创造安静、清爽的学习气氛。书房的色彩绝不能过重，对比反差也不应强烈，悬挂的饰物应以风格柔和的字画为主。一般地面宜采用浅黄色地板，墙和顶都宜选用淡蓝色或白色。

厨房

厨房是制作食品的场所，颜色表现应以清洁、卫生为主。由于厨房在使用中易发生污染，需要经常清洗，因此，应以白、灰色为主。地面不宜过浅，可采用深灰等耐污性好的颜色，墙面宜以白色为主，便于清洁整理，顶部宜采用浅灰、浅黄等颜色。

餐厅

餐厅是进餐的专用场所，也是全家人汇聚的空间，在色彩运用上应根据家庭成员的爱好而定，一般应选择暖色调，突出温馨、祥和的气氛，同时要便于清理。总体宜采用较深的颜色，但局部应配以浅黄、白色等反映清洁卫生的颜色。餐厅的地面宜采用深红、深橙色装饰。墙壁的色彩可以较为多样化，一种设计是对比度大，反映家庭个性；另一种设计是选择平淡，以控制情绪为主。无论何种选择，只要有利于全家人身心健康就好。

卫生间

卫生间是洗浴、盥洗、洗涤的场所，也是一个清洁卫生要求较高的空间，在色彩上有两种形式供选择。一种是以白色为主的浅色调，地面及墙面均以白色、浅灰等颜色做表面装饰；另一种是以黑色为主的深色调，地面、墙面以黑色、深灰色做表面装饰。两种效果各有特点，第一种简明、轻松，一般家庭选择的较多，第二种稳重、气派、个性强，思想活跃的人比较喜爱。

第二节 安全防护

一、劳动保护

头部护具类

用于保护头部，防撞击、挤压伤害、防物料喷溅、防粉尘等的护具。如玻璃钢安全帽。

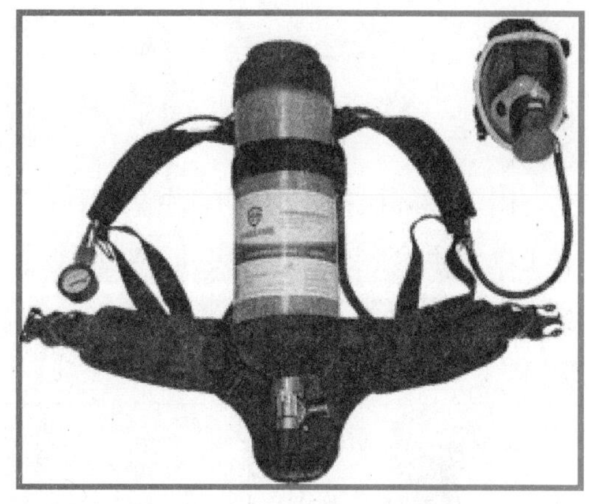

呼吸护具类

预防尘肺和职业病的重要护品。按用途分为防尘、防毒、供氧三类，按作用原理分为过滤式防尘罩、隔绝式防毒面具两类。

眼防护具类

用以保护作业人员的眼睛、面部，防止外来伤害。分为焊接用眼防护具、炉窑用眼护具、防冲击眼护具、微波防护具、激光防护镜以及防 X 射线、防化学、防尘等眼护具。

听力护具类

长期在 90dB（A）以上或短时在 115dB（A）以上环境中工作时应使用听力护具，主要有耳罩。

防护鞋

用于保护足部免受伤害。目前主要产品有防砸、绝缘、防静电、耐酸碱、耐油、防滑鞋和钢板军靴等。

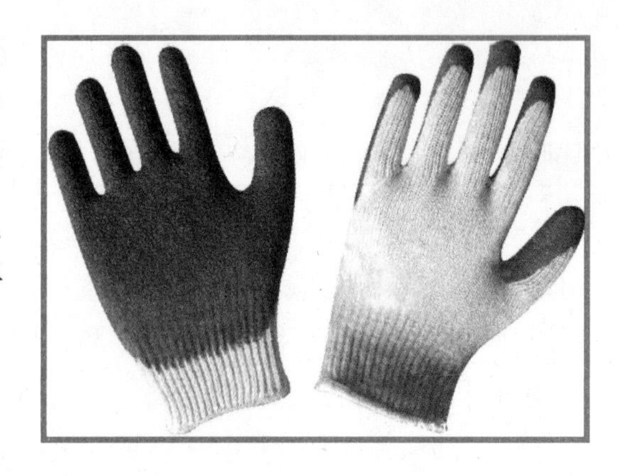

防护手套

用于手部保护，主要有耐酸碱手套、电工绝缘手套、电焊手套、防X射线手套、石棉手套和丁腈手套等。

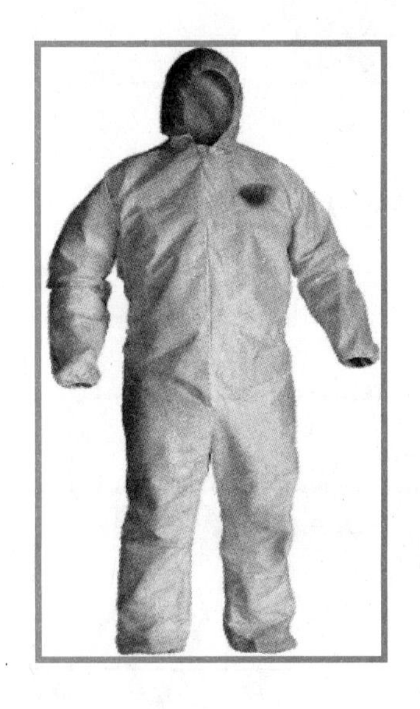

防护服

用于保护职工免受劳动环境中的物理、化学因素的伤害。防护服分为特殊防护服和一般作业服两类。

防坠落护具

用于防止坠落事故发生。主要有安全带、安全绳和安全网。

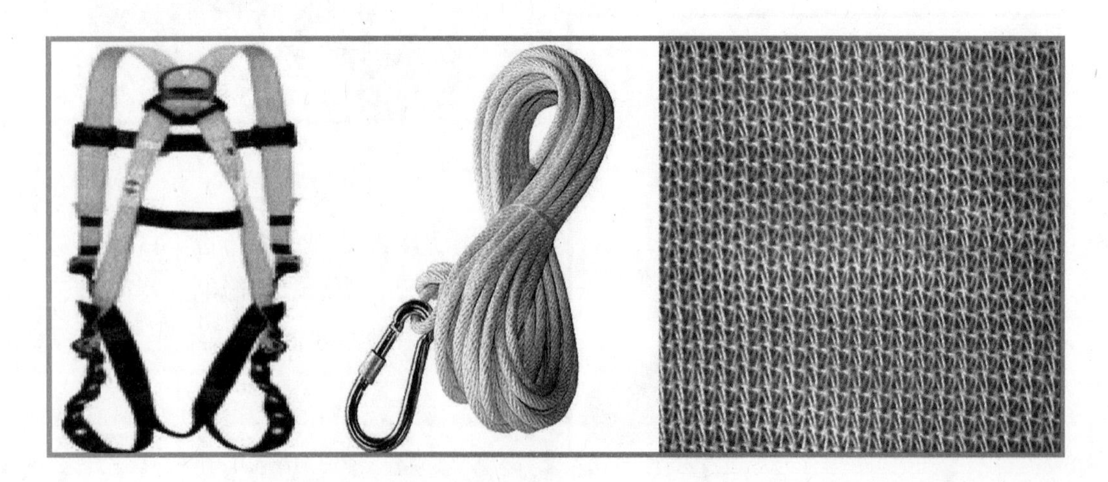

二、应急处理

1. 灭火

干粉灭火器的使用方法

（1）右手拖着压把，左手拖着灭火器底部，轻轻取下灭火器。

（2）右手提着灭火器到现场。

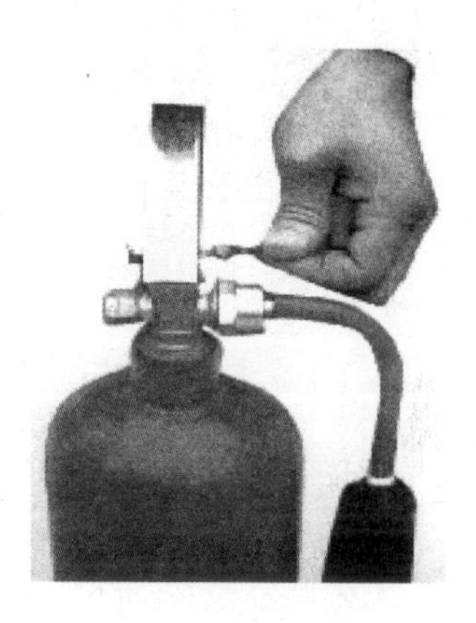

（3）除掉铅封。

（4）拔掉保险销。

（5）左手握着喷管，右手提着压把。

（6）在距离火焰 2m 的地方，右手用力压下压把，左手拿着喷管左右摆动，喷射干粉覆盖整个燃烧区。

泡沫灭火器的使用方法

（1）右手拖着压把，左手拖着灭火器底部，轻轻取下灭火器。

（2）右手提着灭火器到现场。

（3）右手捂住喷嘴，左手执筒底边缘。

（4）把灭火器颠倒过来呈垂直状态，用劲上下晃动几下，然后放开喷嘴。

（5）右手抓筒耳，左手抓筒底边缘，把喷嘴朝向燃烧区，站在离火源 8m 的地方喷射，并不断前进，兜围着火焰喷射，直至把火扑灭。

（6）灭火后，把灭火器卧放在地上，喷嘴朝下。

二氧化碳灭火器的使用方法

（1）用右手握着压把。

（2）用右手提着灭火器到现场。

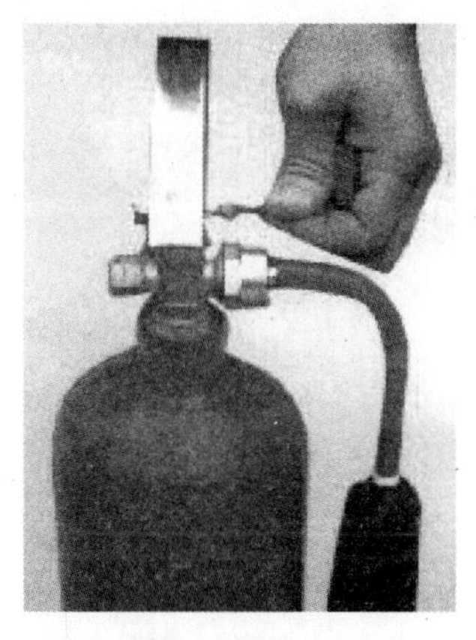

（3）除掉铅封。

（4）拔掉保险销。

（5）站在距火源 2m 的地方，左手拿着喇叭筒，右手用力压下压把。

（6）对着火源根部喷射，并不断推前，直至把火焰扑灭。

推车式干粉灭火器的使用方法

（1）把干粉车拉或推到现场。

（2）右手抓着喷粉枪，左手顺势展开喷粉胶管，直至平直，不能弯折或打圈。

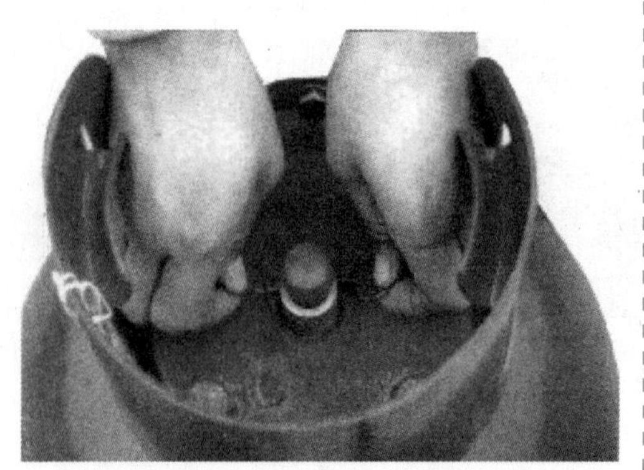

（3）除掉铅封，拔出保险销。

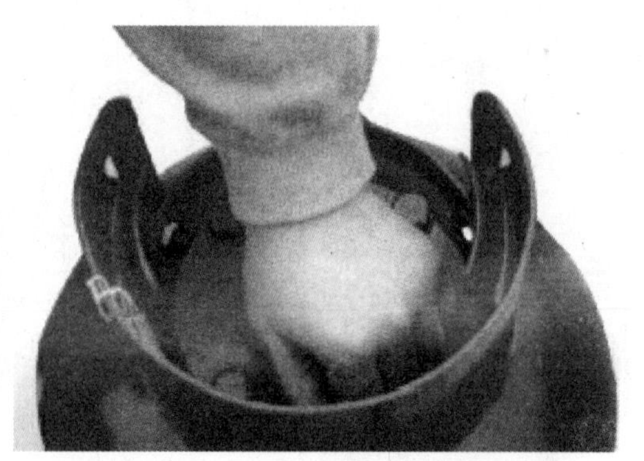

（4）用手掌使劲按下供气阀门。

（5）左手持喷粉枪管托，右手把持枪把，用手指扣动喷粉开关，对准火焰喷射，不断靠前左右摆动喷粉枪，把干粉笼罩在燃烧区，直至把火扑灭为止。

2. 烧伤和烫伤

正确方法

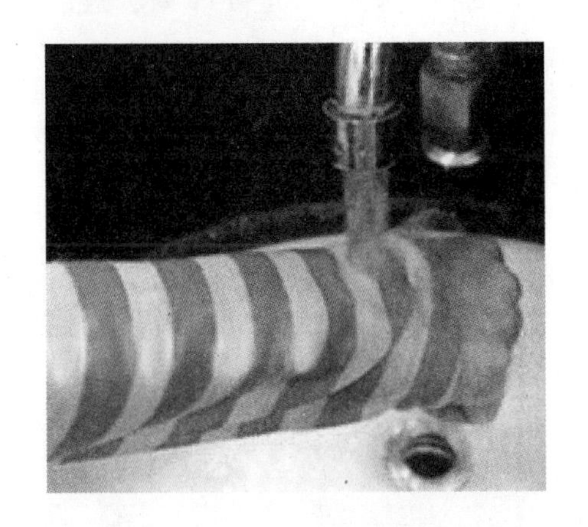

（1）冲。将烫伤部位用清洁的流动冷水轻轻冲洗或浸泡，冷水可让热迅速散去，以降低对深部组织的伤害。

（2）脱。在充分的冲洗和浸泡后，在冷水中小心除去衣物。可以用剪刀剪开衣服，千万不要强行剥去衣物，以免弄破水泡。

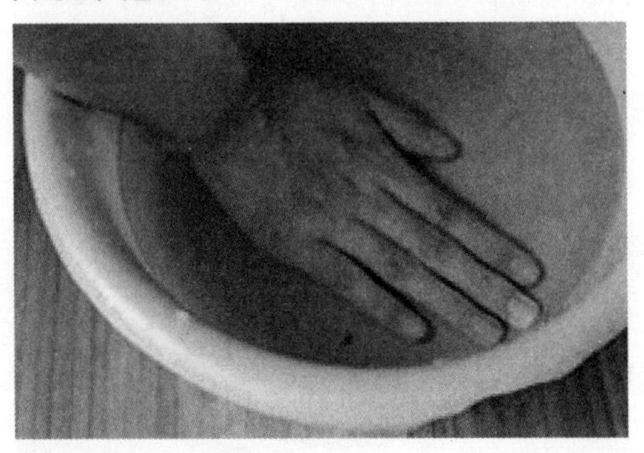

（3）泡。对于疼痛明显者，可将伤处持续浸泡在冷水中 10~30min。其主要作用是缓解疼痛，而烫伤早期的冲洗能够减轻烫伤程度，十分重要。

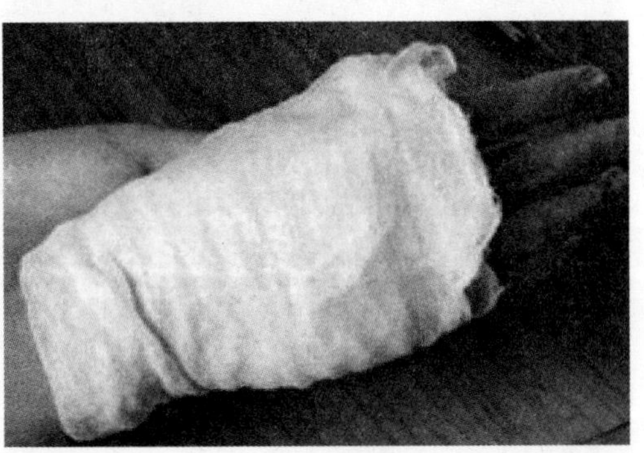

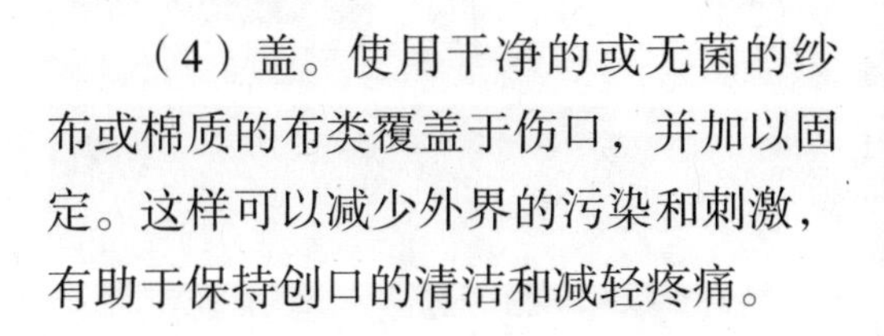

（4）盖。使用干净的或无菌的纱布或棉质的布类覆盖于伤口，并加以固定。这样可以减少外界的污染和刺激，有助于保持创口的清洁和减轻疼痛。

（5）送。如果烫伤部位处于头面部、胸口、生殖器等身体脆弱或重要的部位时，以及烫伤部位皮肤出现破溃、面积较大的情况时，一定要即刻送医，以免留下永久伤害。

错误方法

错误一：立即冰敷。

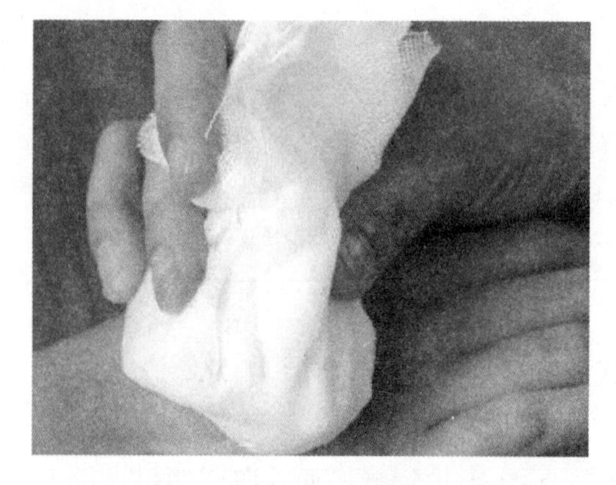

错误二：立即用牙膏涂抹。

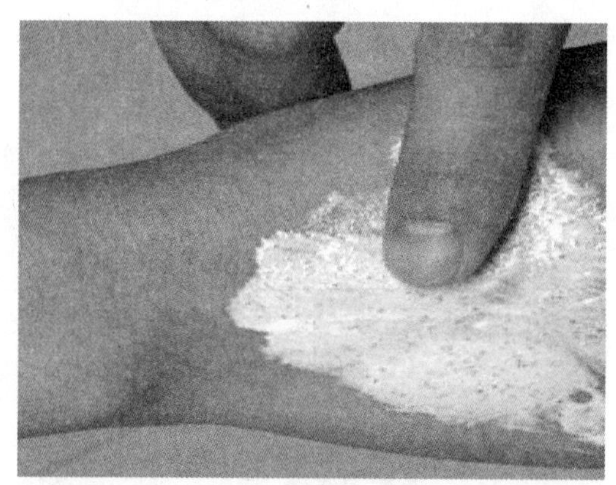

错误三：立即用酱油、香油涂抹。

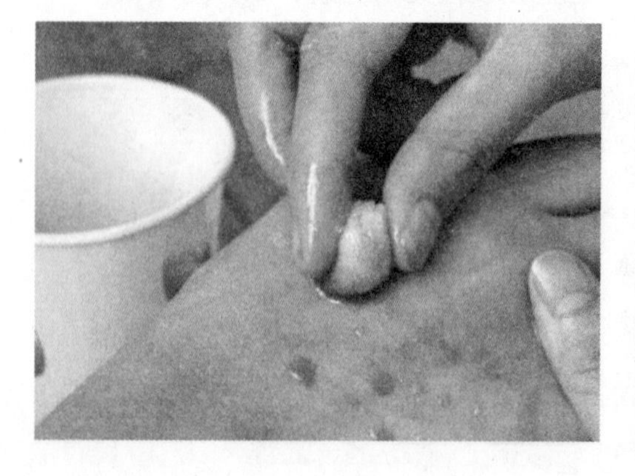

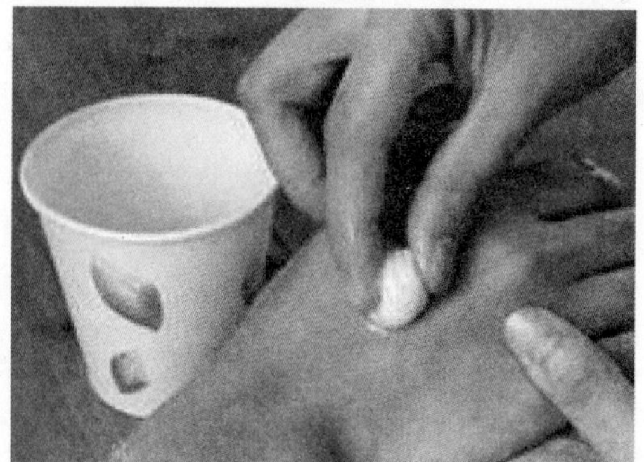

错误四：立即用白酒、酒精、盐水涂抹。

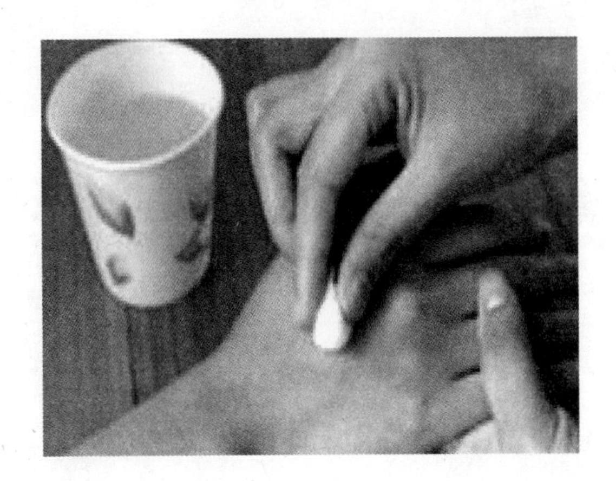

第二章　常用材料

第一节　常用涂料

仿瓷涂料

仿瓷涂料又称瓷釉涂料，是一种装饰效果酷似瓷釉饰面的建筑涂料。可在水泥面、金属面、塑料面、木料等固体表面进行刷漆与喷涂。可用于公共建筑内墙、住宅的内墙、厨房、卫生间、浴室衔接处，还可用于电器、机械及家具外表装饰的防腐。

氯丁胶防水涂料

氯丁胶防水涂料是中档防水地面涂料，适用于厕所、卫生间等防水地面及有防潮、防水要求的地下室墙面、地面。

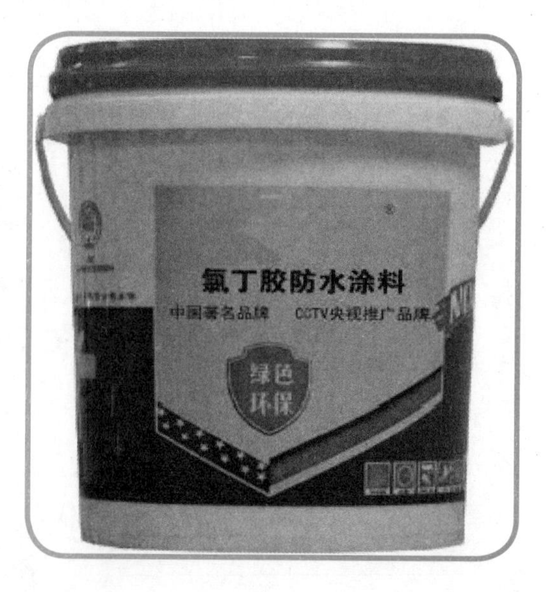

室内薄型钢结构防火涂料

室内薄型钢结构防火涂料是一种由有机复合树脂、填料等组成，并选用阻燃剂、发泡、发炭、催化剂等加工而成的防火涂料。该涂料喷涂于钢结构表面，平时起装饰作用，若遇火灾时膨胀增厚炭化，形成不易燃烧的海绵状炭质层，从而提高钢结构的耐火时间到 2.5h 以上，赢得灭火时间，有效保护钢结构建筑免受火灾侵害。

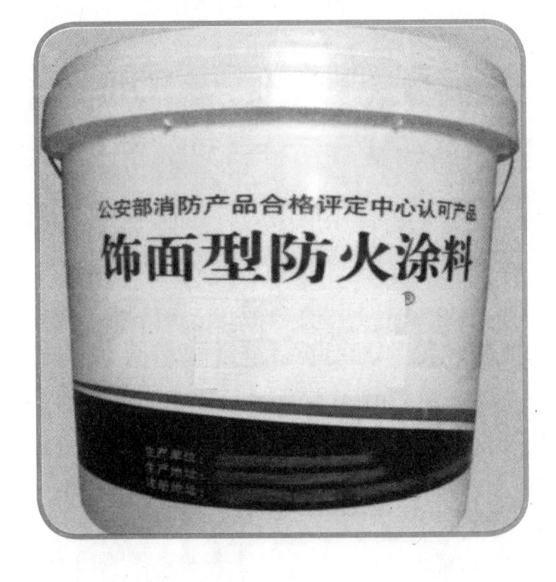

饰面型防火涂料

饰面型防火涂料适用于一般工业及民用建筑、高层建筑、宾馆、文化娱乐场所、古建筑的木结构材料、纤维板、刨花板、玻璃钢板制品等易燃材料，以及水泥墙面等，起到防火保护作用。

无机防腐涂料

无机防腐涂料是由新型无机聚合物和经过分散活化的金属、金属氧化物纳米材料、稀土超微粉体组成的无机聚合物涂料，能与物体表面原子快速反应，生成具有物理、化学双重保护作用，通过化学键与基体牢固结合的无机聚合物防腐涂层，对环境无污染，使用寿命长，防腐性能超过国际先进水平，是符合环保要求的高科技换代产品。

重防腐涂料

重防腐涂料是指相对常规防腐涂料而言，能在相对苛刻腐蚀环境里应用，并具有能达到比常规防腐涂料更长保护期的一类防腐涂料。

防霉涂料

防霉涂料具有建筑装饰和防霉作用的双重效果。对霉菌、酵母菌有广泛高效和较长时间的杀菌和抑制能力，与普通装饰涂料的根本区别在于防霉涂料在制造过程中加入了一定量的霉菌抑制剂或抑制霉菌的无机纳米粉体。

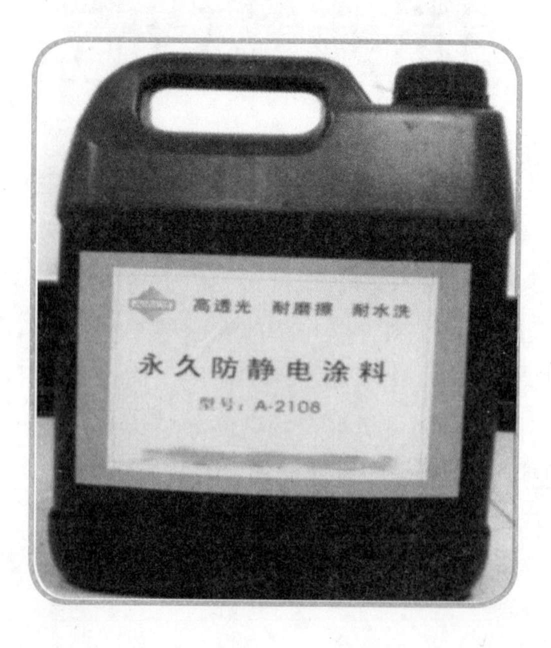

防静电涂料

计算机房、军工厂房、电子元件生产车间等的墙和地面，需采用防静电涂料。这种涂料是在高分子合成材料中掺入亲水基及抗静电介质制成。它具有良好的导电性，无毒、无味，同时兼有装饰功能。

高弹厚质丙烯酸酯防水涂料

高弹厚质丙烯酸酯防水涂料适用于卫生间、浴室、厨房、楼地面、阳台及墙面的防水、防渗和木地板防潮等工程，不适于长期浸水部位。施工时可采用刮涂、刷涂和滚涂等形式，适合于基层变形较大的新建房屋的室内防水。

第二节 常用油漆材料

硝基木器漆

硝基木器漆是由硝化棉、醇酸树脂、增韧剂和混合有机溶剂等调制而成。漆膜坚硬、干燥较快、光泽好、固体成分高，并可用砂蜡、光蜡打磨上光，增强光泽度。主要用于高级木器、家具木质缝纫机台板和无线电木壳等室内木制品作装饰保护涂料。

手扫漆

手扫漆是一种适宜手工刷涂的挥发性涂料，主要由硝化棉，配以多种合成树脂、颜填料、助剂组成。该漆具有流平性好、干燥快、硬度高、光泽好、附着力好的特点，涂膜鲜艳，适用于高级家具、钢琴、工艺饰品的涂装。

醇酸调和漆

醇酸调和漆是由同醇酸树脂、颜料、体质颜料、催干剂以及溶剂等加工而成，色泽较好。适用于室内外一般金属、木质构件以及干燥的建筑物表面，起保护和装饰作用。

乳胶漆

乳胶漆是水分散性涂料，它是以合成树脂乳液为基料，填料经过研磨分散后加入各种助剂精制而成的涂料。乳胶漆具备与传统墙面涂料不同的众多优点，如易于涂刷、干燥迅速、漆膜耐水、耐擦洗性好等。

醇酸磁漆

醇酸磁漆是由醇酸树脂、颜料、助剂、溶剂等经研磨调配而成的油漆涂料，广泛用作遭受化工大气、工业大气的各种钢铁设施表面涂装底漆。

酚醛磁漆

酚醛磁漆是由酚醛树脂、颜料、体质颜料、催干剂、溶剂等调制而成。漆膜坚硬，光泽、附着性较好，但耐候性差。主要用于建筑工程、交通工具、机械设备等室内木材和金属表面的涂覆，作保护装饰之用。

聚氨酯清漆

聚氨酯清漆漆膜丰满光亮，坚硬耐磨，附着力强，并且具有耐湿、耐潮、耐化学腐蚀等特点。适用于木器，家俱及金属制品表面作保护之用。

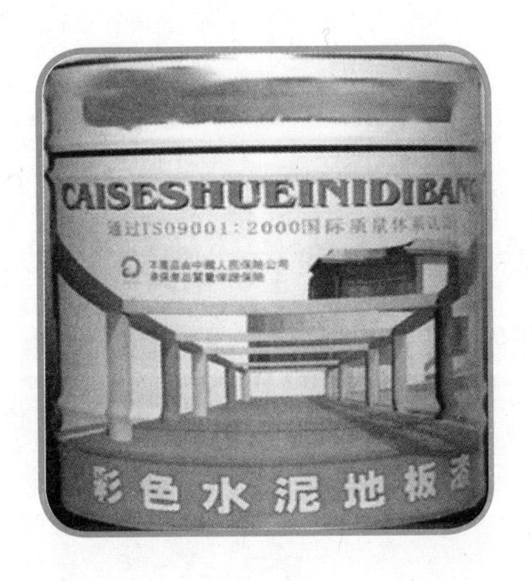

地板漆

地板漆是用于建筑物室内地面涂层饰面的地面涂料。采用地板漆饰面造价低、自重轻、维修更新方便且整体性好。

厚漆

厚漆又名铅油，是用颜料与干性油混合研磨而成，呈厚浆状，需加清油溶剂搅拌后使用。这种漆遮盖力强，与面漆的黏结性好，广泛用作罩面漆前的涂层打底，也可单独作面层涂刷，但漆膜柔软，坚硬性稍差。厚漆也可用来调配色漆和腻子。

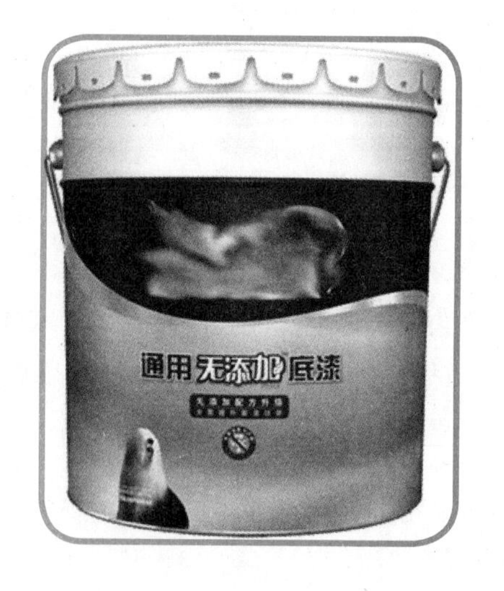

底漆

底漆是油漆系统的第一层，用于提高面漆的附着力、增加面漆的丰满度、提高抗碱性及防腐功能等，同时可以保证面漆的均匀吸收，使油漆系统发挥最佳效果。

防锈漆

防锈漆是一种可保护金属表面免受大气、海水等化学或电化学腐蚀的涂料。主要分为物理性和化学性防锈漆两大类。用于桥梁、船舶、管道等金属的防锈。

聚酯漆

聚酯漆是以聚酯树脂为主要成膜物。高档家具常用的为不饱和聚酯漆。不仅色彩十分丰富，而且漆膜厚度大，喷涂两三遍即可，并能完全把基层的材料覆盖。所以，做家具可以在板材上直接刷聚酯漆即可，对基层材料的要求并不高。

第三节　辅助材料

石膏基腻子

墙面腻子的主要功能是填平墙面基层、保护墙体、美化建筑和环境以及改善墙体饰面材料的物理力学性能等。石膏腻子加水搅拌就可以使用，无须使用胶水，非常环保，而且不会开裂，起皮。

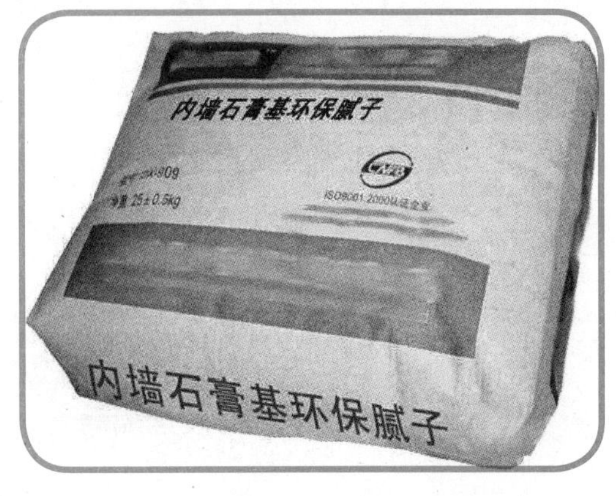

水泥基腻子

水泥基腻子施工性、耐水性好，粘接强度高，不易老化，具有较好的憎水性和透气性，但成本较高。

熟胶粉

熟胶粉是将马铃薯淀粉经特殊改性处理，烘干而成。是一种变性淀粉，熟胶粉是其商品名，因其遇冷水即溶，故名熟胶粉。目前市场上较常见的熟胶粉是酯化和醚化变性淀粉，该产品能溶于冷水，黏结力强，无毒无味，是一种绿色环保的粘合剂，广泛用于建筑行业的内墙处理。

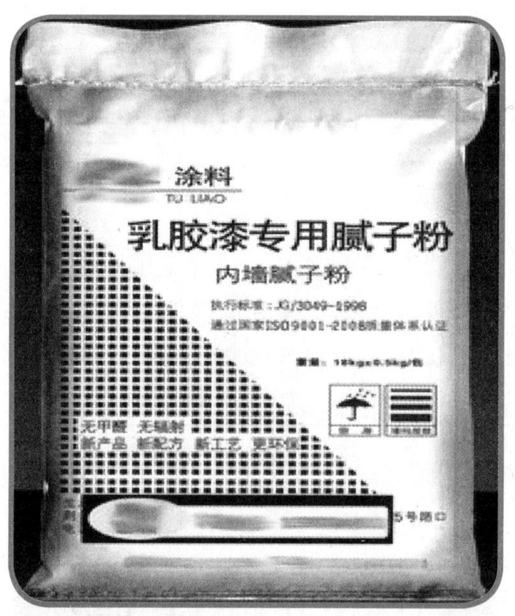

乳胶腻子

乳胶腻子易施工、强度好、不易脱落、嵌补刮涂性好。用于抹灰、水泥面。

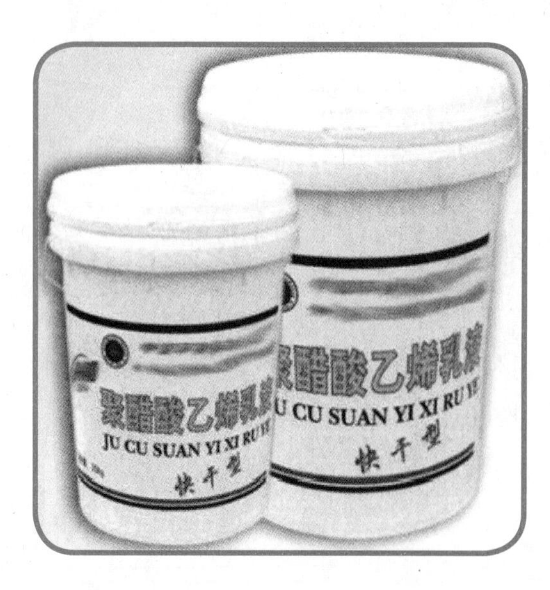

聚醋酸乙烯乳液

聚醋酸乙烯乳液也叫白胶，是现代建筑装饰中使用十分广泛的黏结材料，黏结性能好、用途广泛、使用方便、无毒无味，但价格较高。可代替菜胶、皮胶，调配水浆涂料和腻子。

108 胶

108 胶由聚乙烯醇缩丁醛、羧甲基纤维素和水组成，有建筑“万能胶”之称，在建筑装饰上用途极广。黏结性能好、施工方便。108 胶不宜存放过久，不宜贮存在铁质容器内。

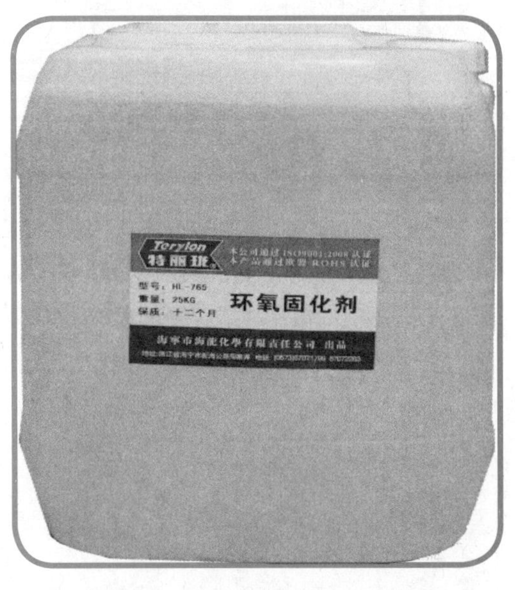

环氧固化剂

环氧固化剂可在室温下固化，黏结力强、柔韧性好、紧固耐磨，具有一定的绝缘性，耐化学侵蚀，可在湿度较大的环境下施工，用量为树脂的 30%~100%。

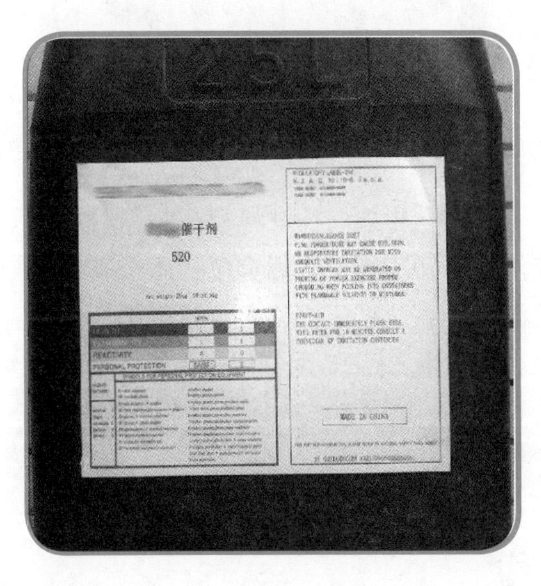

工业催干剂

工业催干剂是涂料工业的主要助剂，其作用是加速漆膜的氧化、聚合、干燥，达到快干的目的。

脱漆剂

脱漆剂是一种由芳香族化合物，高溶解力溶剂配合而成的液体，具有极强的溶解漆膜的能力，脱漆速度快，效率高，可去除的涂层种类较广，适用于醇酸、硝基、聚脲醛橡胶型乙烯、环氧、聚酯、聚氨酯等各种油漆、外墙涂料、粉末喷涂和涂层的脱除，去漆能力极强。

酸性染料——酸性黑 10B

酸性黑 10B 为深棕色粉末，溶于水和乙醇，微溶于丙酮。调配成水溶液，作着色剂用。

酸性染料——酸性橙Ⅱ

酸性橙Ⅱ是一种鲜艳的金黄色粉末，能溶于水和乙醇，呈橘黄色。用来调配成水溶液、水性腻子或调入虫胶清漆中作着色、拼色用。

碱性染料——碱性橙

碱性橙为红褐色结晶粉末或带绿光的黑色块状晶体，溶于乙醇，微溶于丙酮，不溶于苯。调入虫胶漆中作涂层着色或拼色，也可调入虫胶腻子中，但在嵌衬白茬面时不宜使用，以防咬色。

碱性染料——碱性品红

碱性品红为块状或砂粒状，溶于水、乙醇和戊醇中，当 pH 值> 5 时，会影响色泽并产生沉淀。作红木色透明涂层时，调配成水溶液或在调配涂料中起着色作用。

油溶红

油溶红为暗红色粉末，溶于油脂、蜡、苯酚等，不溶于水，具有良好的耐热、耐酸、耐碱性。调入腻子或虫胶漆中作涂层色、拼色用。

油溶黄

油溶黄为黄色粉末，不溶于水，溶于油脂、乙醇和其他有机溶剂，耐酸、碱。调配油性色浆时，加入各种清漆，制成带色的半透明涂料或直接喷在制品表面进行着色可获得均匀色彩，但透明度较差，木纹不够清晰。

分散红 3B

分散红 3B 为紫褐色粉末，溶于丙酮、浓硫酸、环乙酮和Ⅳ - 二甲苯基酰等浓溶剂中。不溶于水，但能均匀地分散在水中。调入树脂色浆和树脂面色内作木质表面着色用。

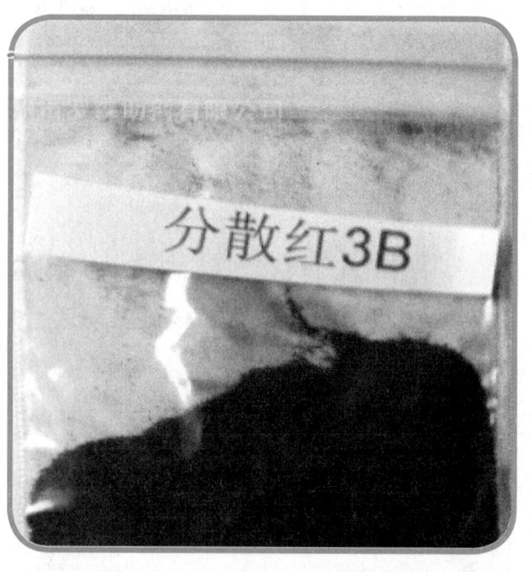

醇溶黑

醇溶黑为灰黑色粉末，不溶于水，溶于乙醇，呈浅蓝黑色，着色力高，对光、酸、碱的稳定性好。调配在虫胶清漆中作着色、拼色用。

重晶石粉

重晶石粉为天然矿物，耐酸、耐碱、防紫外线，使涂膜坚硬，但相对密度大，易沉淀。用于腻子、底漆、耐酸漆、地板漆。

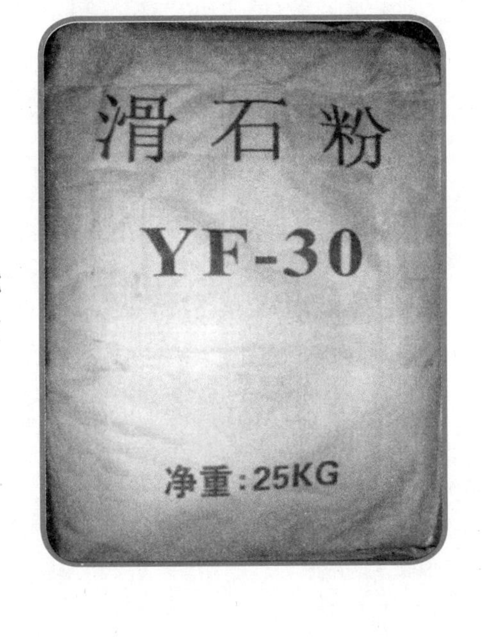

滑石粉

滑石粉能防止颜料沉淀、涂料流挂，并能在涂料中吸收伸缩应力，避免和减少裂缝和空隙发生。用作外用涂料和耐洗、耐磨涂料。

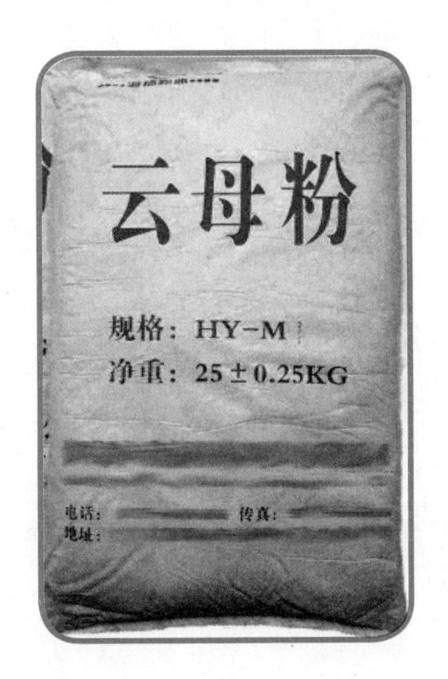

云母粉

云母粉耐热性好且耐碱、耐酸、耐火、耐化学药品腐蚀、绝缘，能增强涂料的坚韧性，耐候性好；能阻止紫外线和水分穿透，防止龟裂，推迟粉化。用于建筑外墙涂料和防火涂料。

石英粉

石英粉质地坚硬，耐磨，不溶于酸，但能溶于碳酸钠中，且不易研磨，易沉淀，常用做腻子、底漆、地板漆。

第三章　常用工具

第一节　基层清理工具

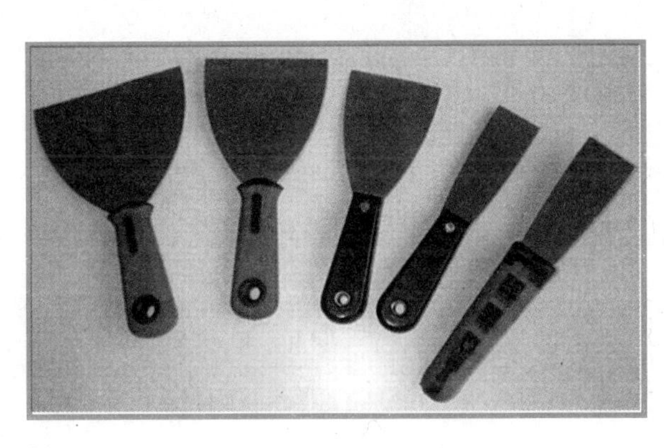

铲刀

清理时，手应拿在铲刀的刀片上，大拇指在一面，四个手指压紧另一面。

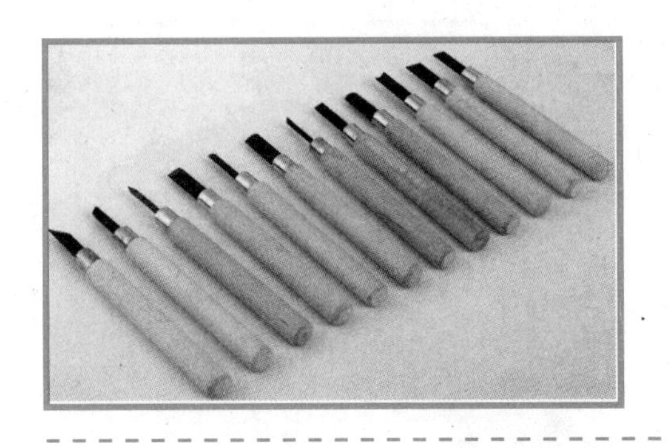

刻刀

刻刀分为大刻刀和小刻刀等，在涂料的精施工时使用。

刮刀

刮刀是在长把手上安装可替换的刀片，规格为45~80mm，用来清除旧油漆或木材上的斑渍。

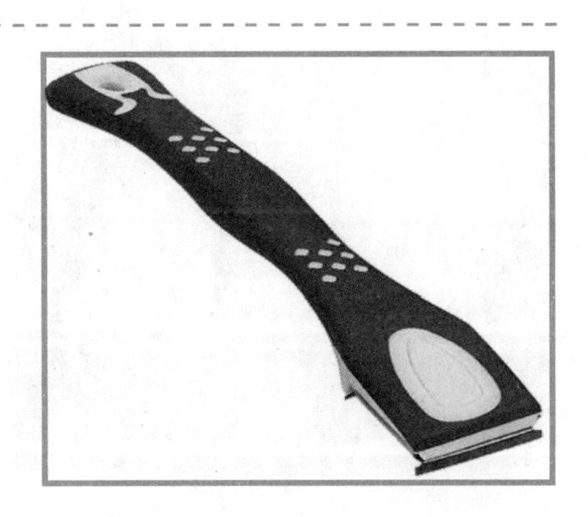

剁刀

剁刀带有皮革刀把和坚韧结实的金属刀身。刀背平直，便于捶打。刀片长100~125mm。用来铲除嵌缝中的旧玻璃油灰等。

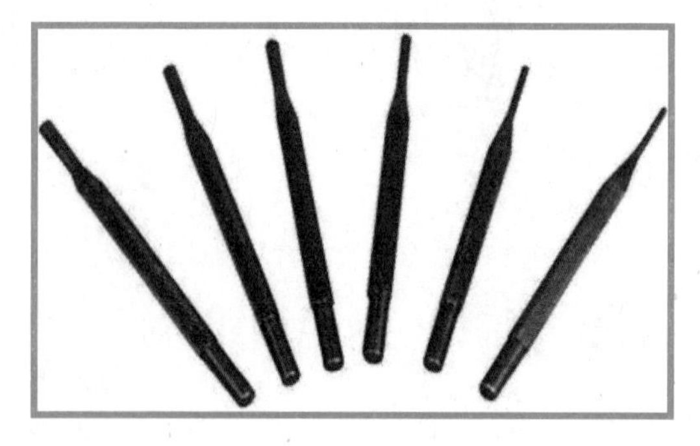

钢丝刷

钢丝刷用来清除铁锈、斑渍及松散的沉积物。

斜面刮刀

斜面刮刀用来刮除凸凹线脚、檐板或装饰物上的旧漆碎片，一般与涂料清除剂或火焰烧除器配合使用。还可用其将灰浆表面裂缝清理干净。

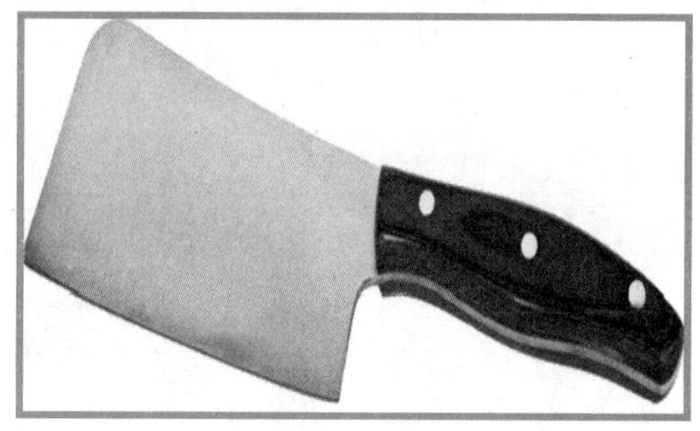

冲子

冲子用来将木材表面的钉帽冲入木材表面以内，以便涂刮腻子。

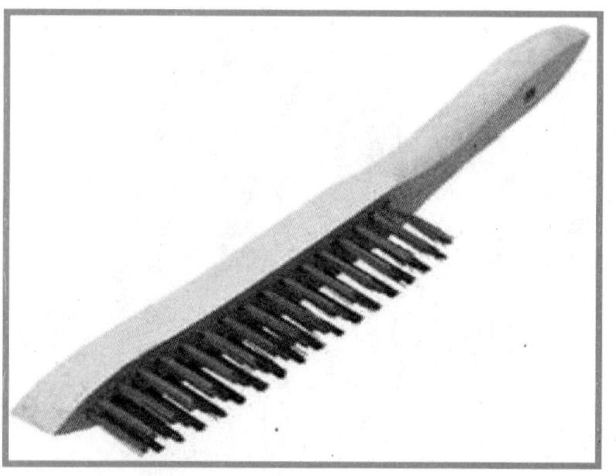

掸灰刷

掸灰刷有三股或四股的标准刷型。用来清扫被涂饰面上的浮尘。

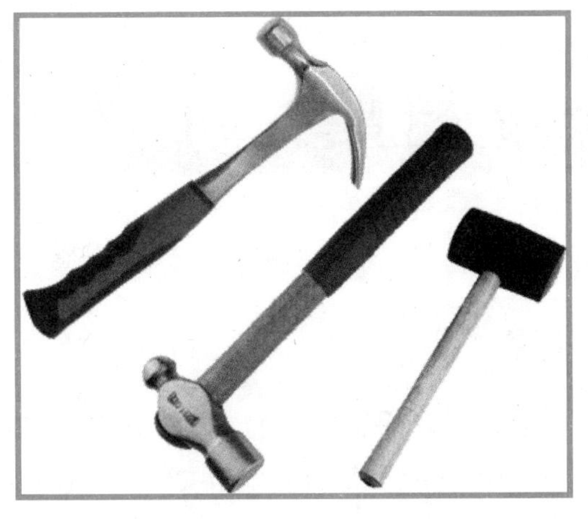

锤子

锤子的规格为重170~230g。用来与剁刀配合使用，清除大片锈皮。与冲子配合使用，将钉帽钉入涂饰面以内。

旋转钢丝刷

将杯形或盘形的钢丝刷安装在电动或气动机上，用来清除金属面的铁锈或酥松的旧漆膜。

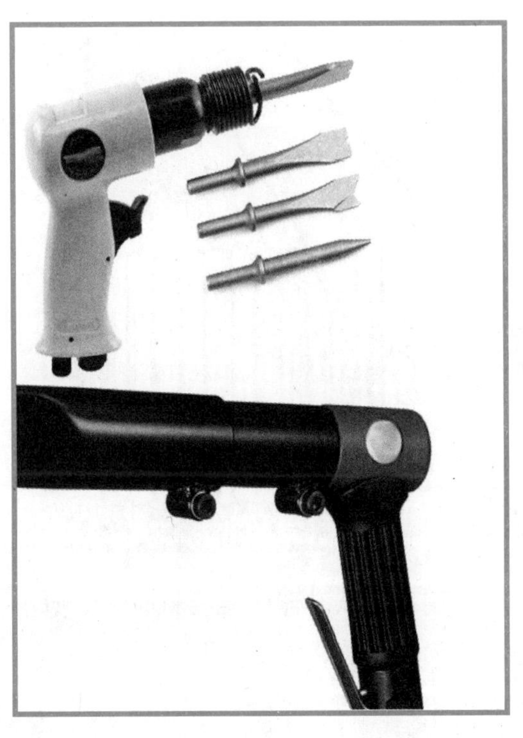

钢针除锈枪

钢针除锈枪适用于一些不便清理的角和凹面，尤其是铁艺制品和石制品的除锈。工作时，须戴防护眼镜；不得在易燃环境中使用，如必须在易燃环境中使用，则应配特制的无火花型钢针。

第二节　刷涂与滚涂工具

排笔

排笔是手工涂刷的工具，用羊毛和细竹管制成。每排可有 4~20 管多种选择。排笔的刷毛较毛刷的鬃毛柔软，适于涂刷黏度较低的涂料。

排笔的拿法

涂刷时，用手拿住排笔的右角，一面用大拇指压住排笔，另一面用四指握成拳头形状。

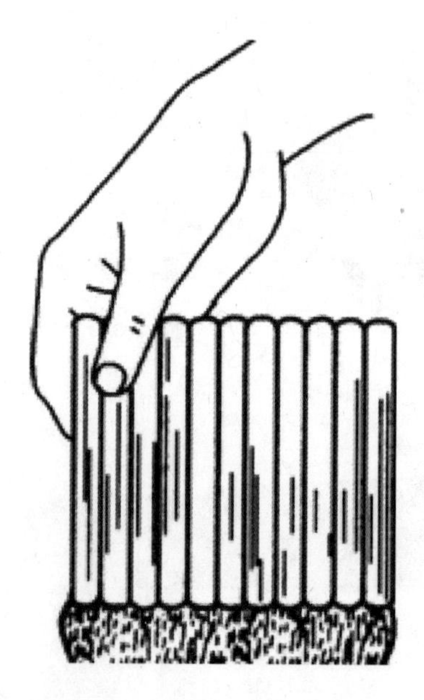

用排笔从容器内蘸涂料时，大拇指要略松开一些，笔毛向下。

油刷

油刷是以猪鬃、马鬃、人造纤维等为刷毛，用镀镍铁皮和胶粘剂将其与刷柄（木、塑料）牢固地连接在一起制成。是手工涂刷的主要工具。

长柄刷

长柄刷是将刷子固定在长铁棍上，长铁棍可弯曲，以便伸到工作面上。

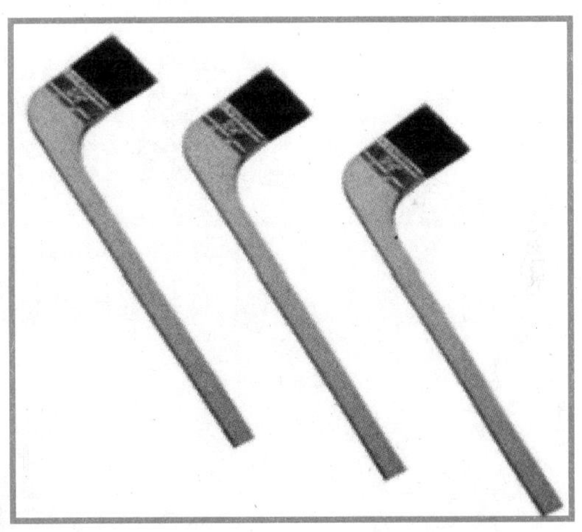

弯头刷

弯头刷是用镀镍铁皮将刷毛固定成圆形或扁形，刷柄弯成一定的角度以便涂刷不易涂刷到的部位。

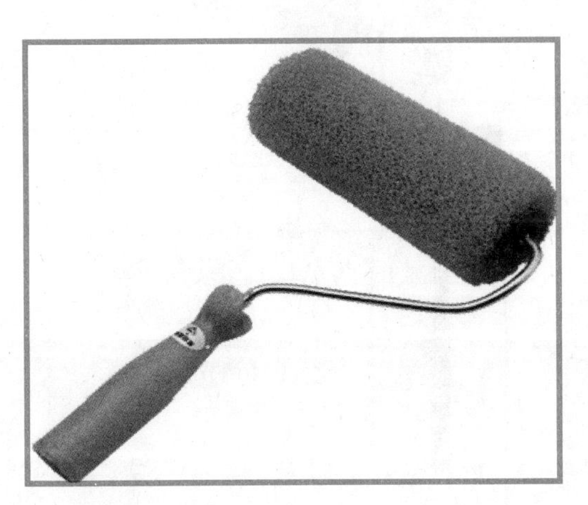

滚筒刷

滚筒刷在日常的建筑装饰工程的大面积涂料滚涂时会经常使用到。

第三节　喷涂工具

外部结构

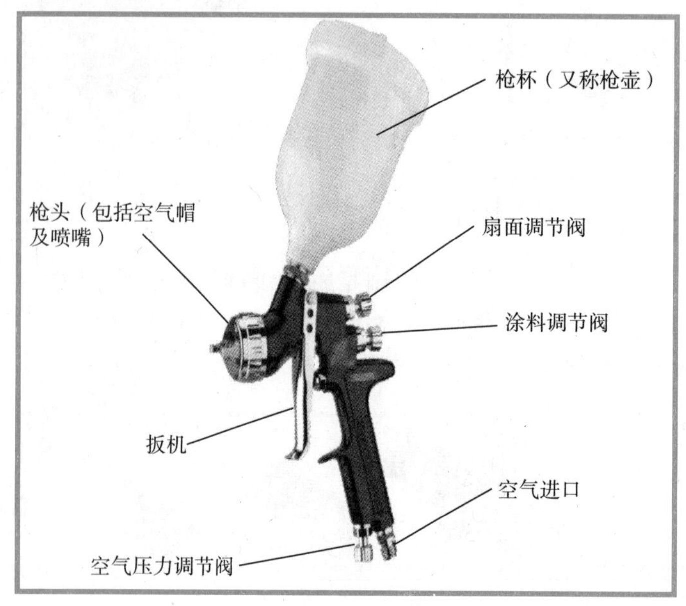

重力式喷枪

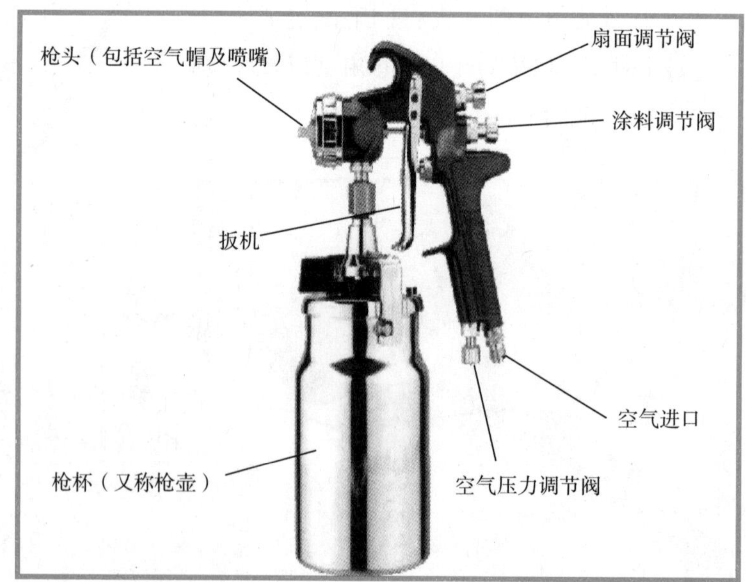

虹吸式喷枪

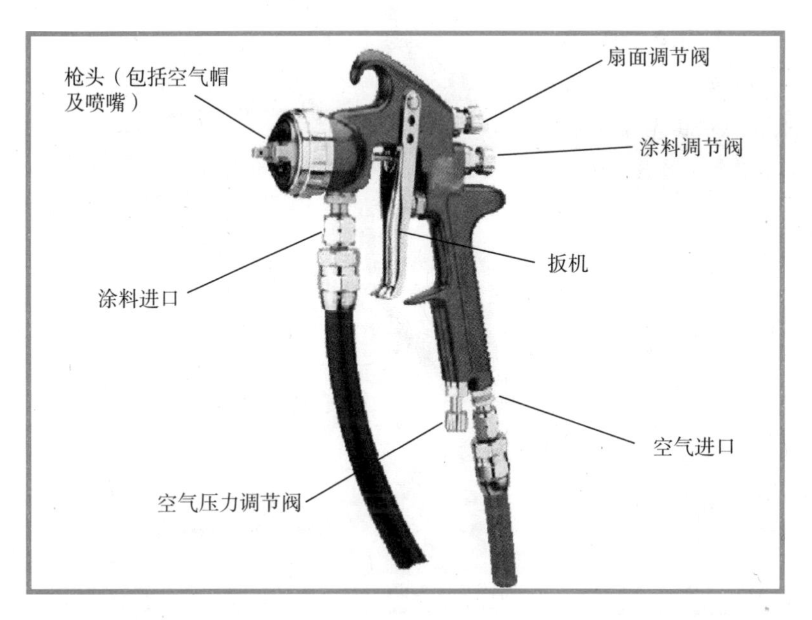

压送式喷枪

操作流程

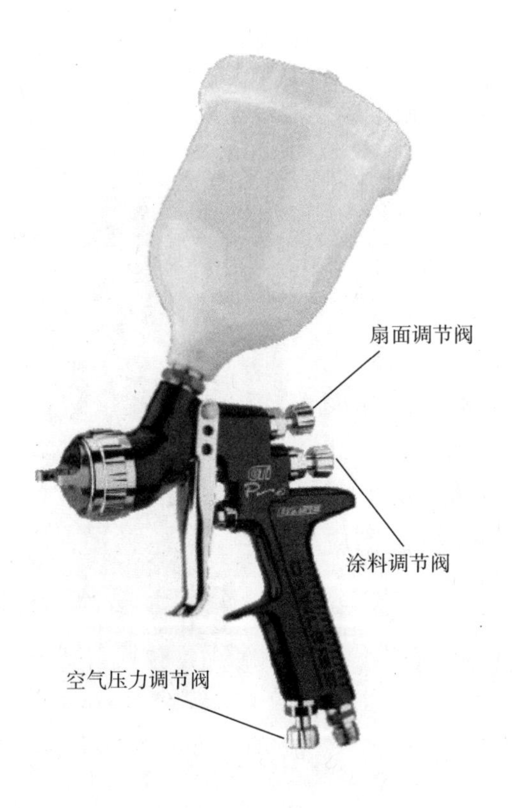

（一）初始调整

（适用于重力式、虹吸式和压送式喷枪）

1. 将涂料调节阀按顺时针方向旋至尽头，以防止枪针移动。

2. 将扇面调节阀按逆时针方向旋至尽头，将阀门完全打开。

3. 扣紧喷枪扳机，调节进气气压至 2×10^5Pa。

4. 逆时针旋转涂料调节阀，直到第一圈螺纹露出。

（二）设定压送式喷枪的涂料压力

压送式喷枪由于供料方式不同，往往需要通过观察射流的距离来调整涂料供应的压力。采用不同雾化方式的压送式喷枪需要设定不同的涂料压力。

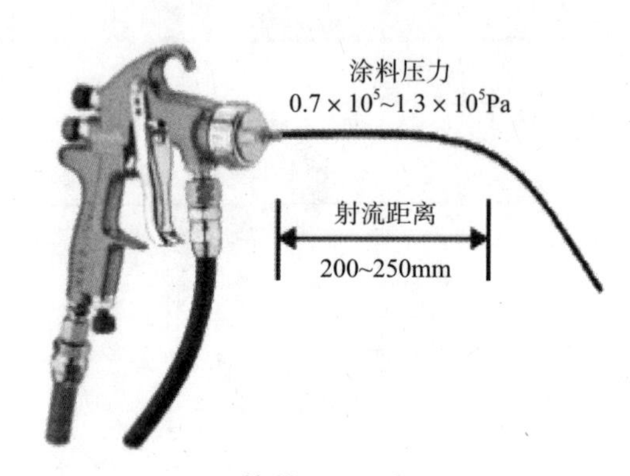

传统压送式

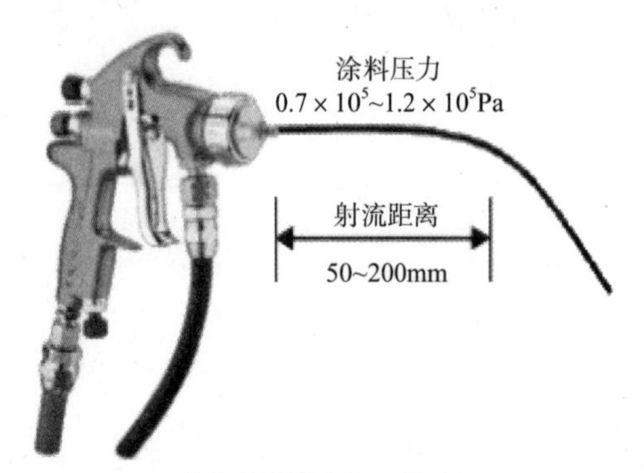

中压低流量压送式

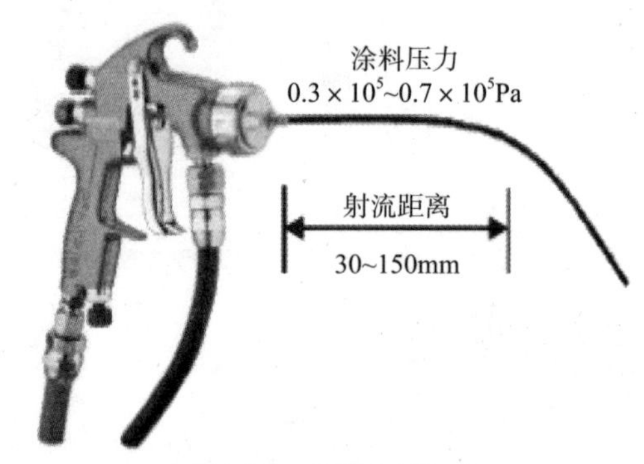

低压高流量压送式

（三）测试喷涂形状（适用于重力式、虹吸式和压送式喷枪）

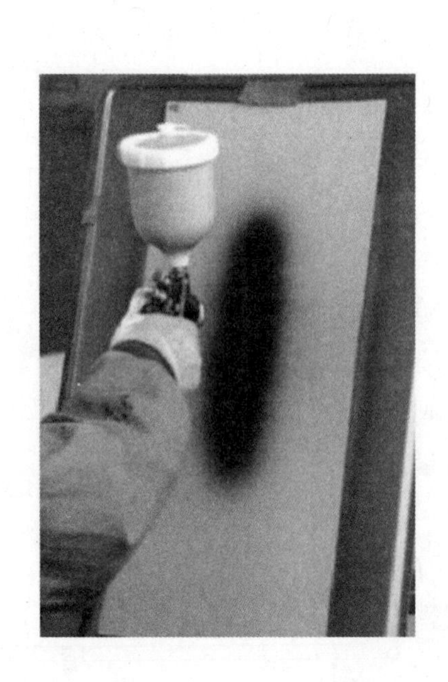

喷涂一幅静态的竖形图案，确定该图案的尺寸和形状是否标准。如发现喷幅有任何畸形问题都应及时纠正。

标准的喷涂形状

喷涂不均匀的图案

（四）测试涂料颗粒（适用于重力式、虹吸式和压送式喷枪）

首先喷涂一幅图案，然后仔细观察图案中涂料颗粒的大小，如果出现斑点和/或大块水珠，表示涂料喷涂不均匀。适度增加进气压力后再进行测试，持续这样的步骤直到涂料颗粒的大小相对统一。如果涂料颗粒太细，则可通过降低进气压力来进行调整。

（五）测试漆面湿度（适用于重力式、虹吸式和压送式喷枪）

首先喷涂一幅图案，然后仔细观察漆面的湿润程度，如果漆面太干，则降低进气压力，以减少空气流量；如果漆面太湿，则顺时针旋转涂料调节阀，以减少涂料流量。

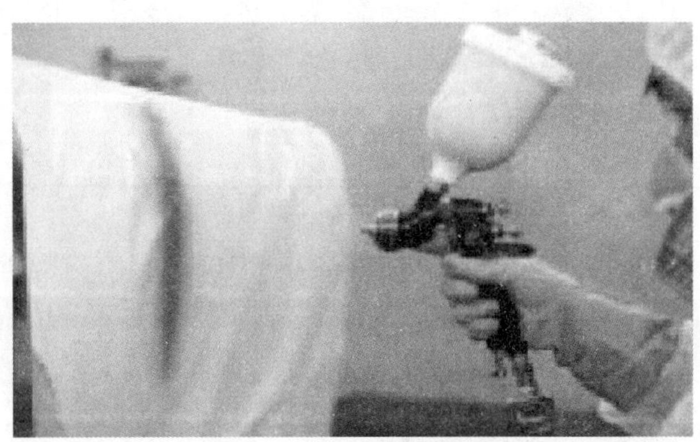

（六）测试涂料流量（适用于重力式、虹吸式和压送式喷枪）

1. 喷涂前，先将空气帽旋转 90°，以喷出水平的图案。

2. 喷涂至图案有垂流现象后立即停止。

3. 观察垂流图案的形状，如有问题需进行相应的调整。

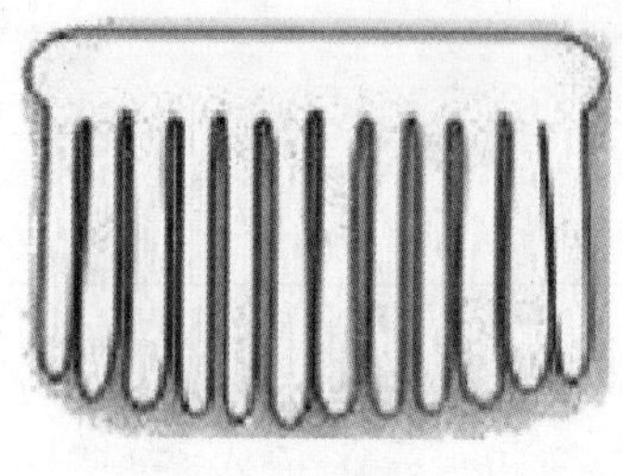

涂料流量适合

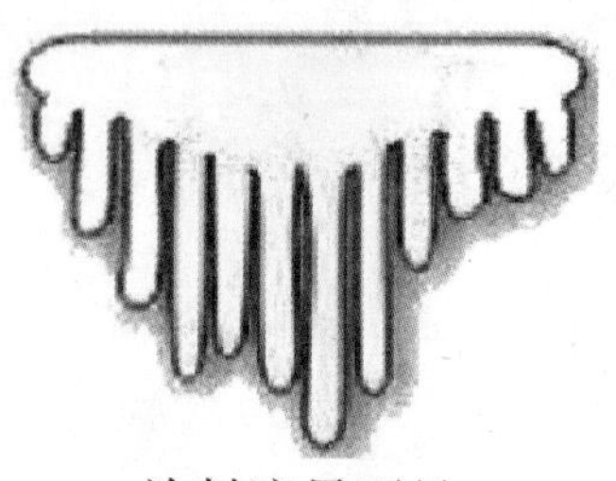

涂料流量不足

可能的解决方案：

方案一：降低涂料的黏度。

方案二：通过逆时针旋转涂料调节阀来增加涂料流量。

方案三：更换更大口径的喷嘴和枪针。

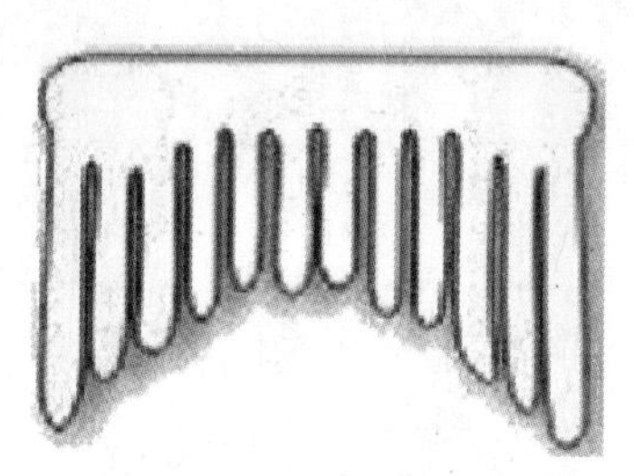

涂料流量过大

可能的解决方案：

方案一：增加涂料的黏度。

方案二：通过顺时针旋转涂料调节阀来降低涂料流量。

方案三：更换更小口径的喷嘴和枪针。

操作技巧

（一）保持固定的喷涂距离

为确保漆面的均匀度，在喷涂过程中，喷枪与被喷工件间应始终保持一致的距离。要做到这一点，就必须在整个走枪的过程中始终保持喷枪与被喷涂平面呈直角，并确保手臂沿着被喷工件的表面做平行运动，绝对不能以手腕或手肘作轴心做弧形的摆动。

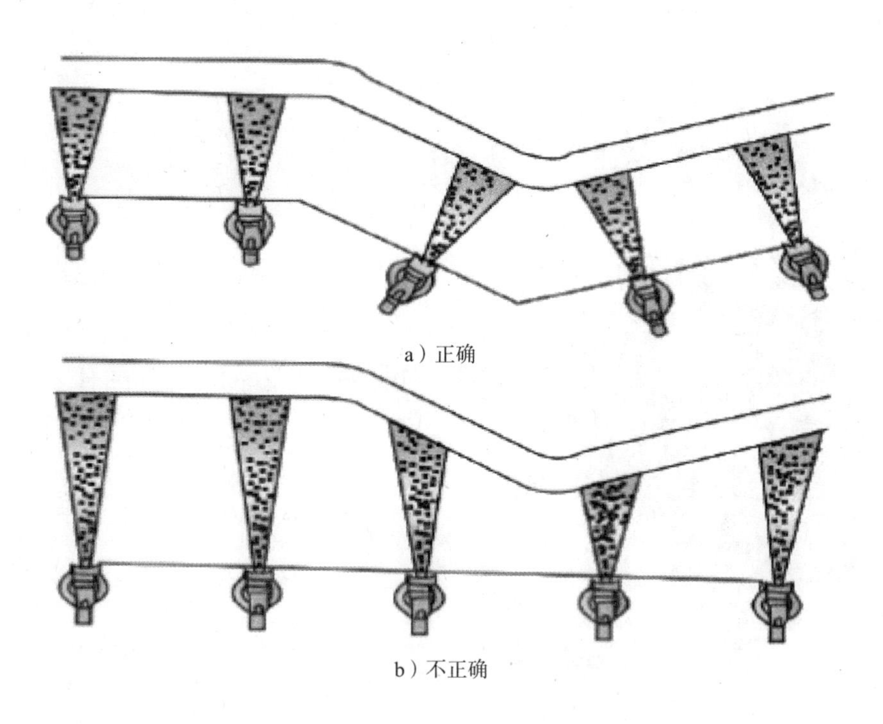

a）正确

b）不正确

（二）确保一定的喷幅重叠

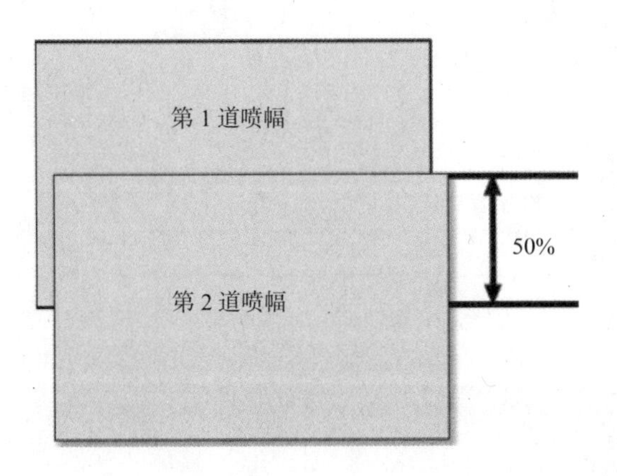

在实际喷涂时，需要让每道喷幅有50% 的部分相互重叠，这样做的目的是为了确保喷涂后的漆面不会产生间隙。

（三）保持一定的走枪速度

喷枪的移动速度与涂料干燥速度、环境温度以及涂料的黏度有关，一般应保持 30~50cm/s 的速度进行匀速移动。

（四）喷涂末端的扳机控制

由于扣紧扳机时的涂料流量较大，因此，为了避免每次走枪行将结束时所喷出的涂料堆积在工件边缘，需要在喷枪行程的末端略微放松一点扳机，以减少供漆量。

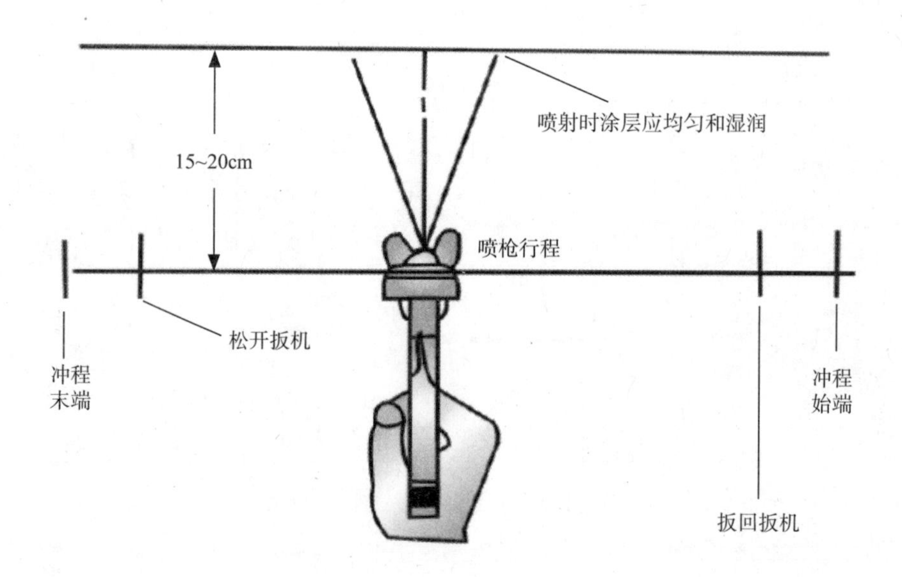

维护保养

（一）清洁喷枪空气阀

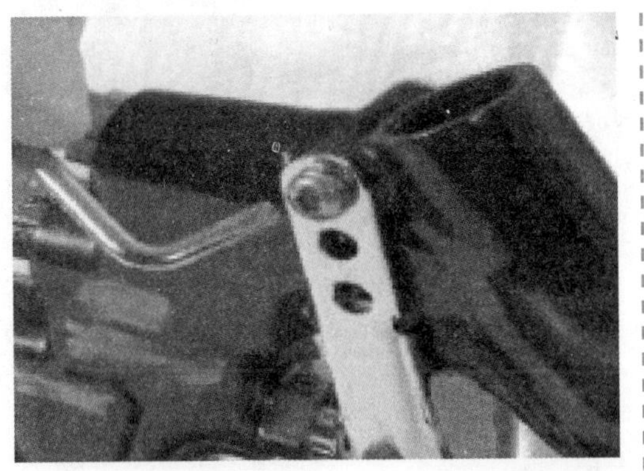

1. 用专用星型扳手拧开扳机固定螺钉。

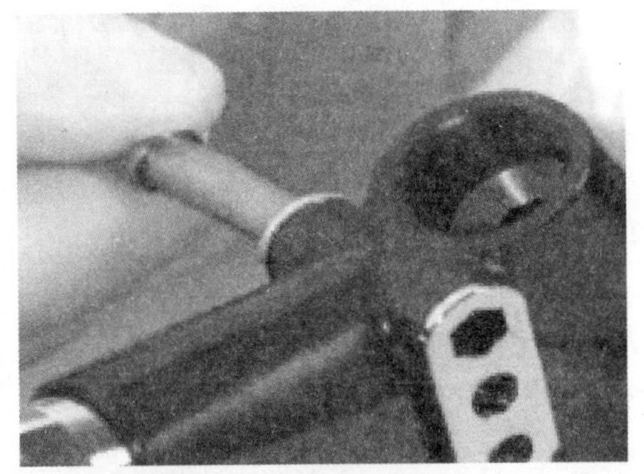

2. 取出固定扳机的横轴。

3. 用专用扳手拧开空气阀。

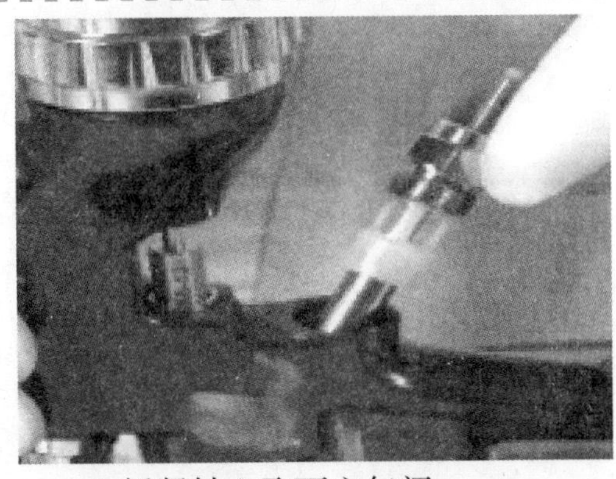

4. 抓紧轴心取下空气阀。

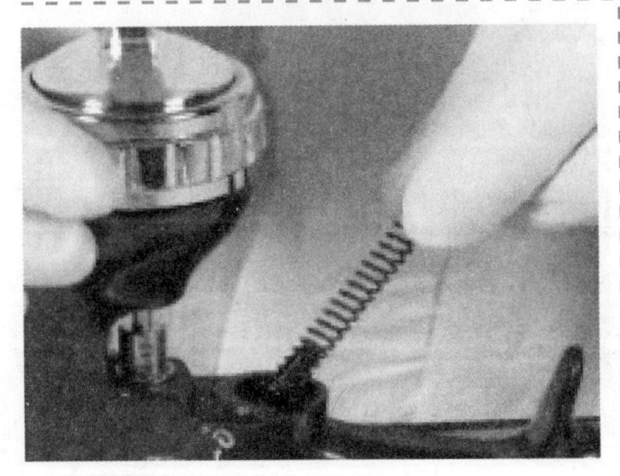

5. 取下带弹簧垫的弹簧。

6. 不要从枪身上取出后部密封件。

7. 不要拆下空气阀上的塑料笼套，以免损坏笼袖。

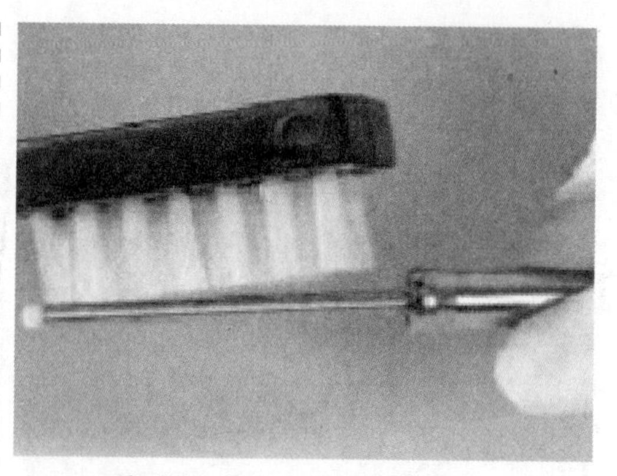

8. 清洁掉全部的涂料。

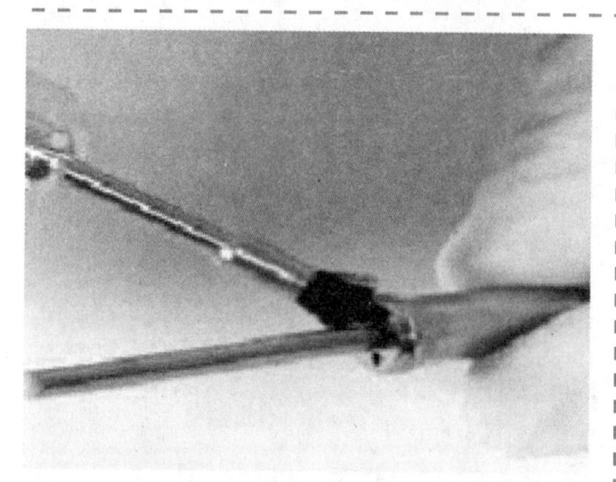

9. 4 个提升阀必需彻底清洁。

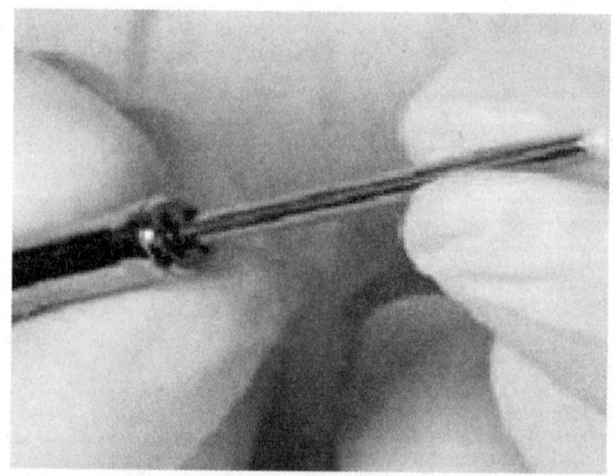

10. 阀轴必须能松动地放置在提升孔内。

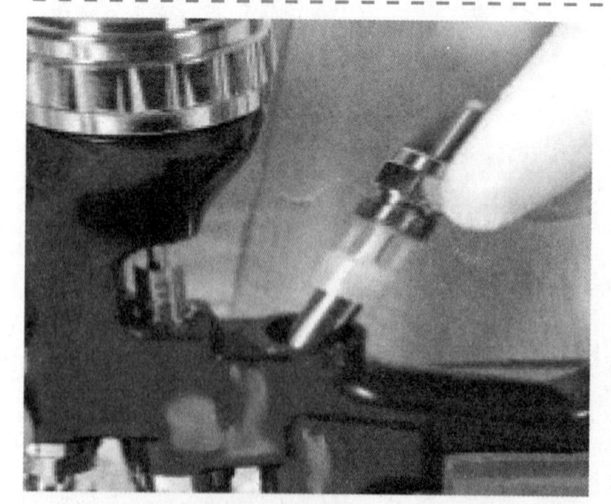

11. 将空气阀组件装入枪身，小心穿过弹簧及后面的密封圈。

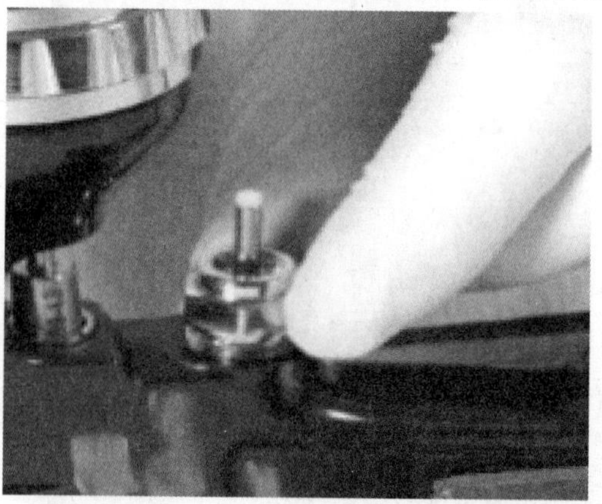

12. 拧紧空气阀后装回扳机即可。

（二）更换喷枪空气阀

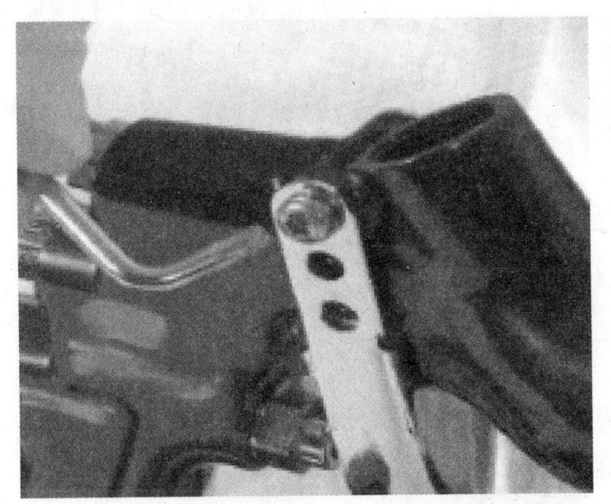

1. 用专用星型扳手拧开扳机固定螺钉。

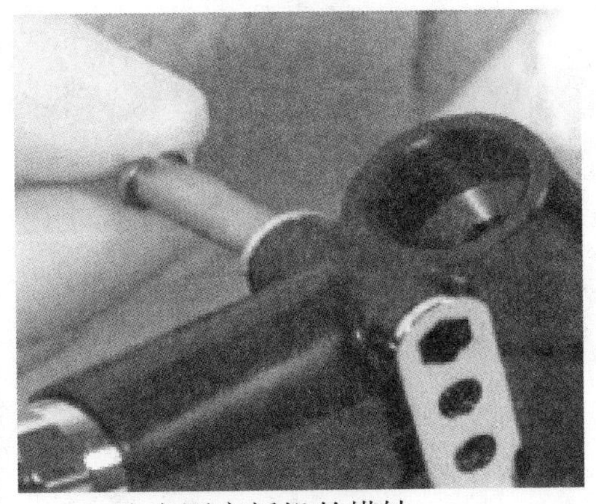

2. 取出固定扳机的横轴。

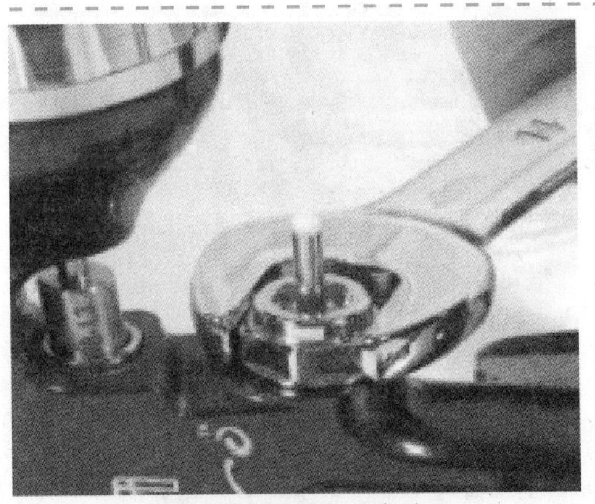

3. 用专用扳手拧开空气阀。

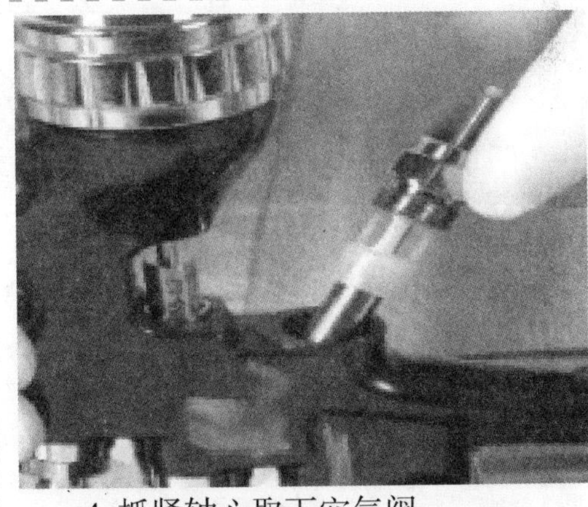

4. 抓紧轴心取下空气阀。

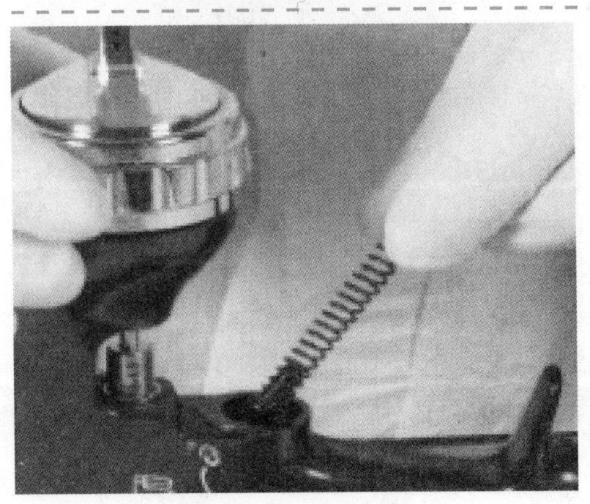

5. 取下带弹簧垫的弹簧。

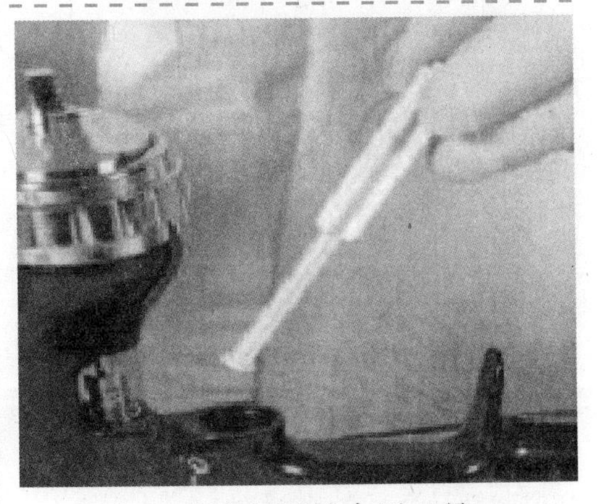

6. 插入取密封圈的专用工具。

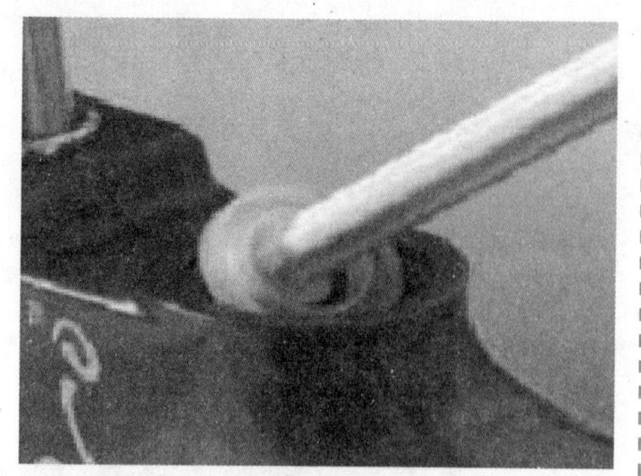

7. 将后部的密封圈钩出来。

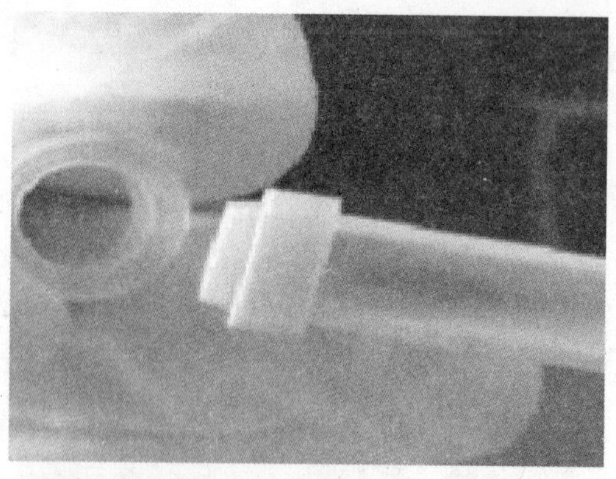

8. 换上新的密封圈。

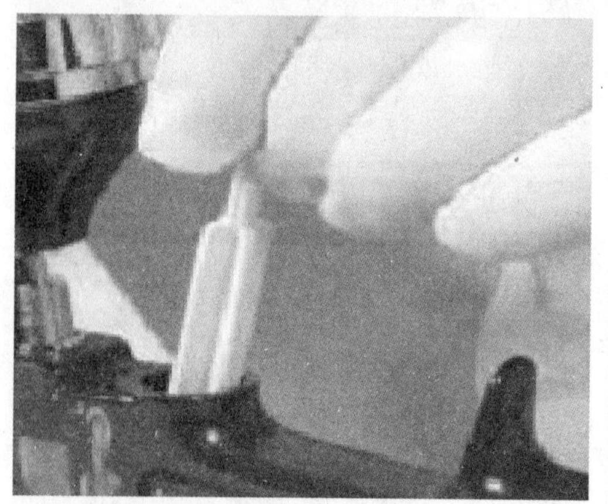

9. 将新密封圈压入底部。

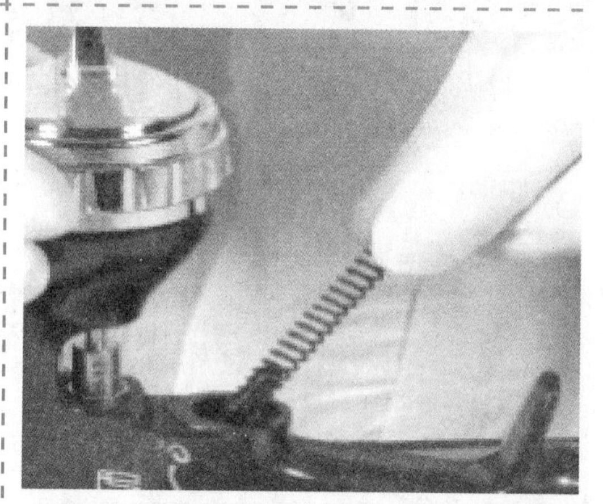

10. 插入新弹簧，确保有密封垫的一端先进入。

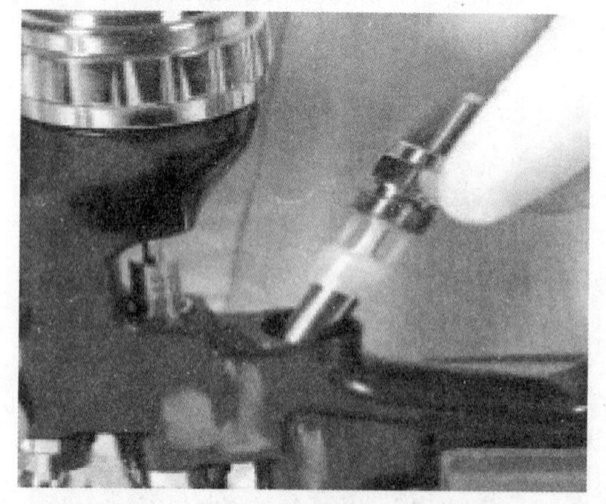

11. 将空气阀组件装入枪身，小心穿过弹簧及后面的密封圈。

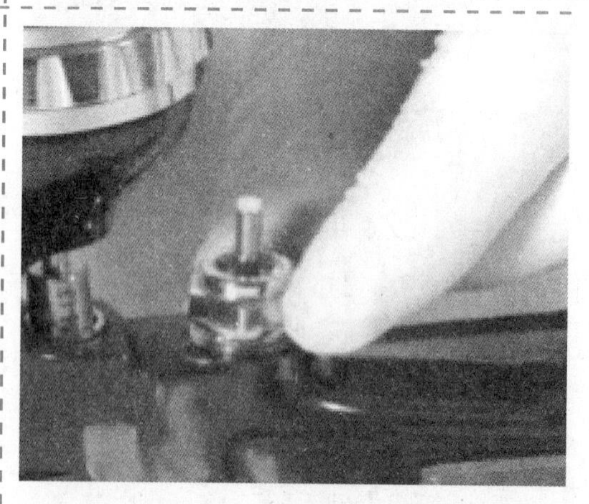

12. 拧紧空气阀后装回扳机即可。

（三）更换枪针密封堵头

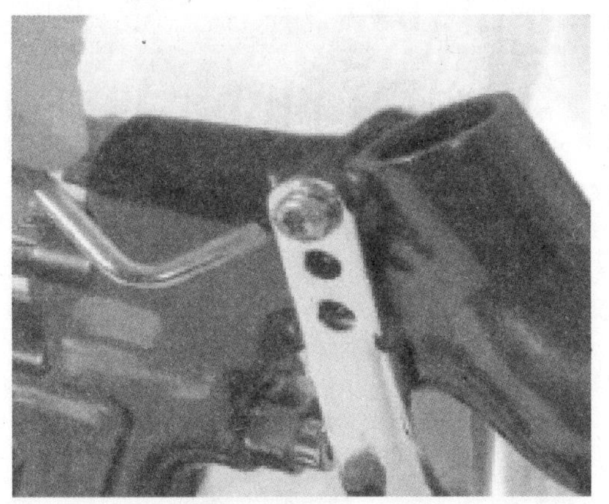

1. 用专用星型扳手拧开扳机固定螺钉。

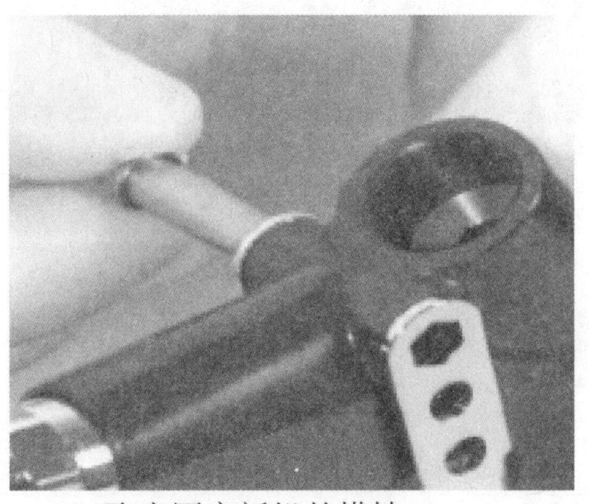

2. 取出固定扳机的横轴。

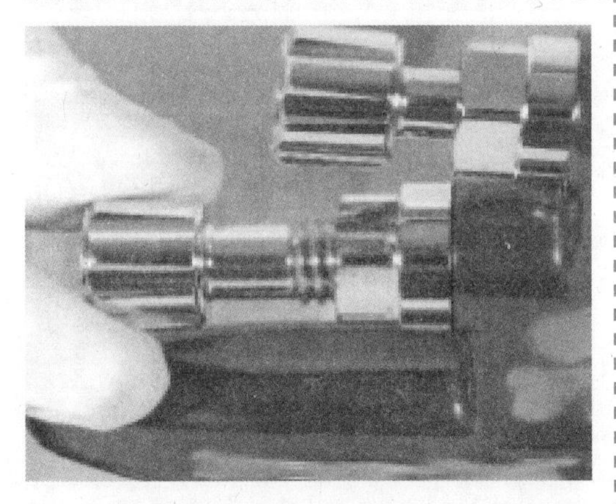

3. 取下枪针调节旋钮。

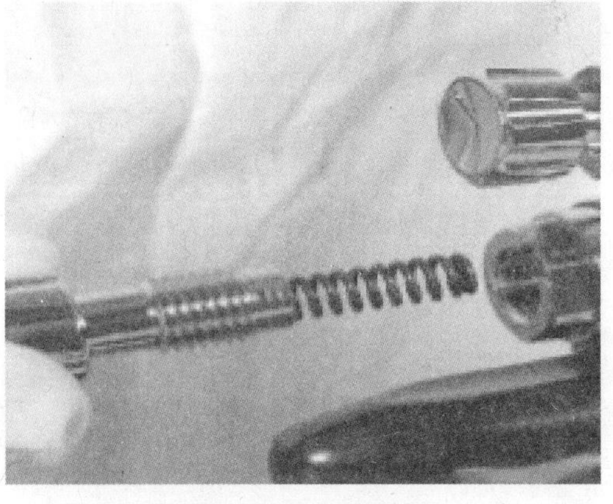

4. 取出带有衬垫的弹簧。

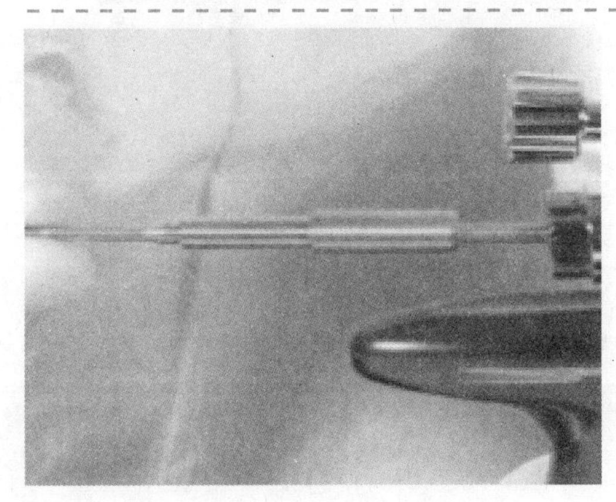

5. 取下枪针。

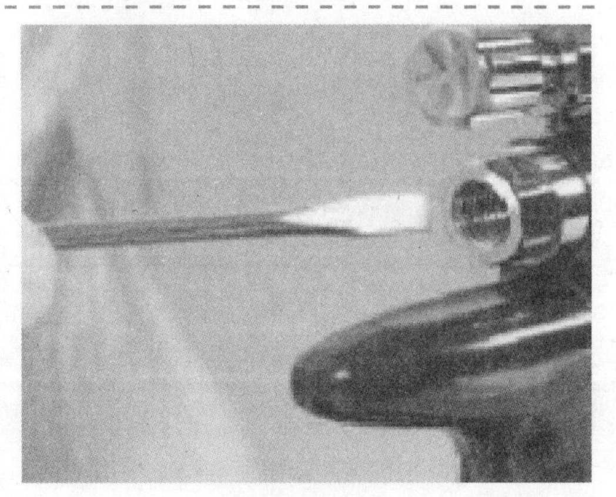

6. 插入一字螺钉旋具。

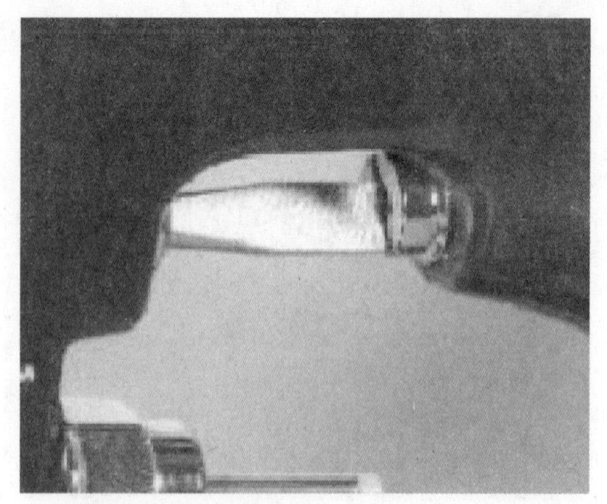

7. 取下密封堵头。

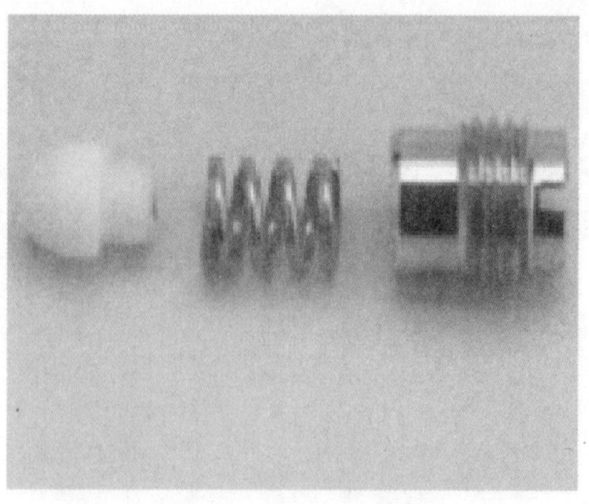

8. 清洁或更换密封堵头。

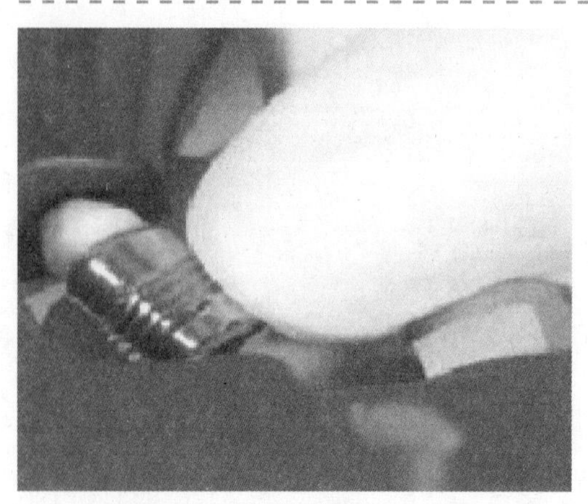

9. 重新装入密封堵头。

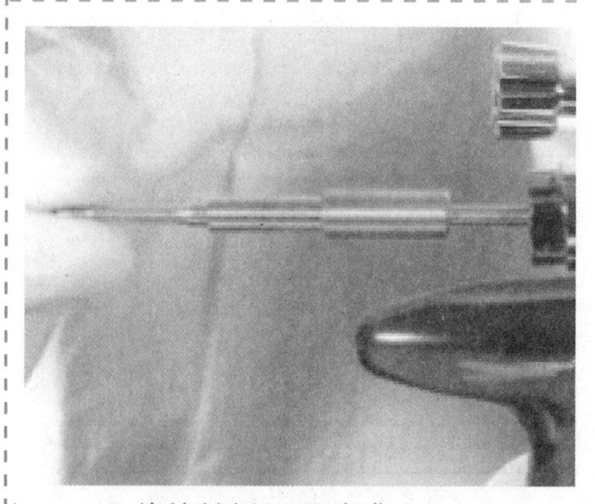

10. 将枪针插回至喷嘴座。

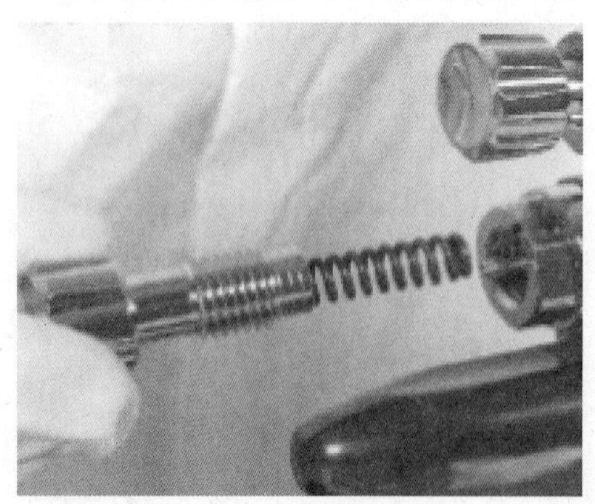

11. 装回枪针弹簧和旋钮。

12. 装回扳机并确保扣动自如后即可。

（四）更换枪头密封件

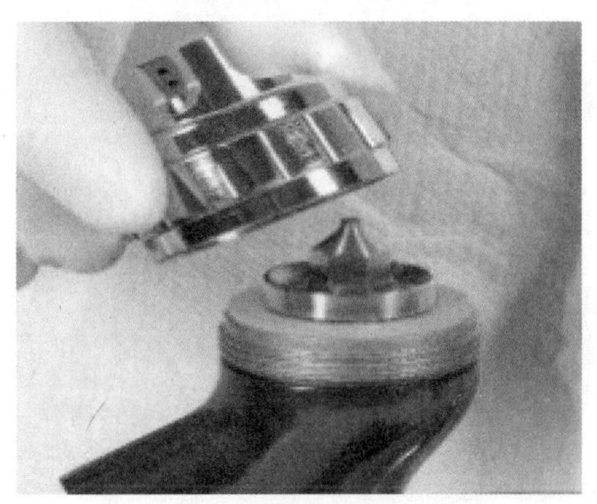

1. 拆下空气帽及固定环。

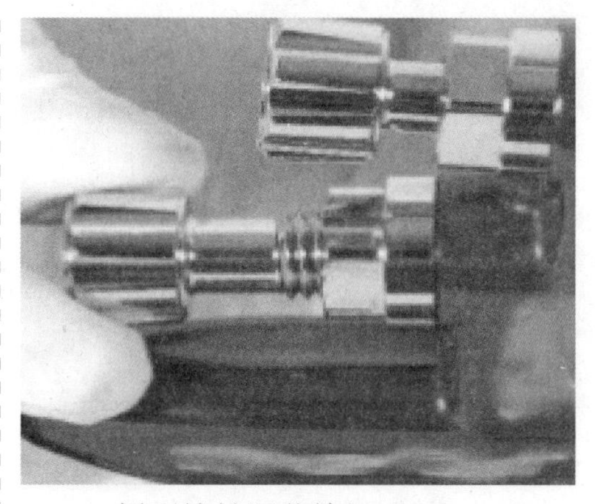

2. 拆下枪针调节旋钮。

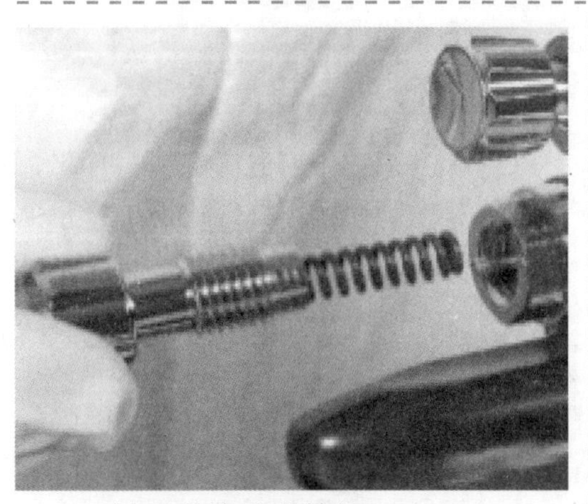

3. 拆下弹簧及弹簧垫。

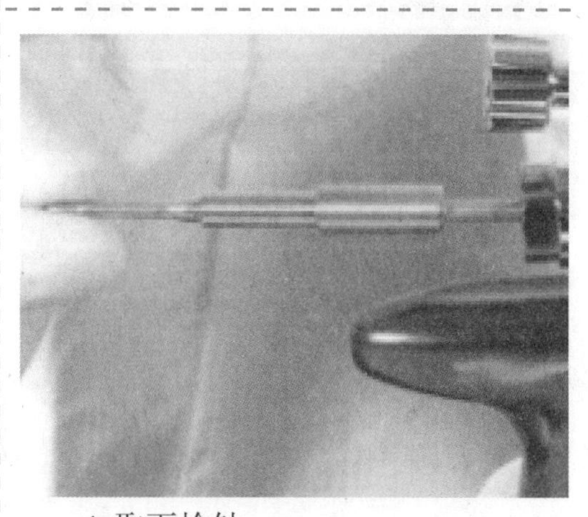

4. 取下枪针。

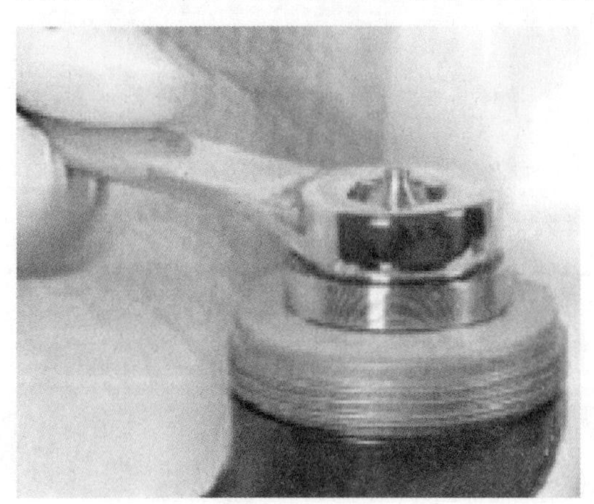

5. 用专用扳手拧开喷嘴。

6. 取出喷嘴。

7. 取出枪头挡板。

8. 取下枪头。

9. 用软刷清洁枪头。

10. 用小钩取下枪头密封圈。

11. 用软刷清洁喷枪前部。

12. 放入新密封圈并确保小孔与固定头对齐。

13. 装回枪头。

14. 装回枪头挡板。

15. 装回喷嘴并拧紧。

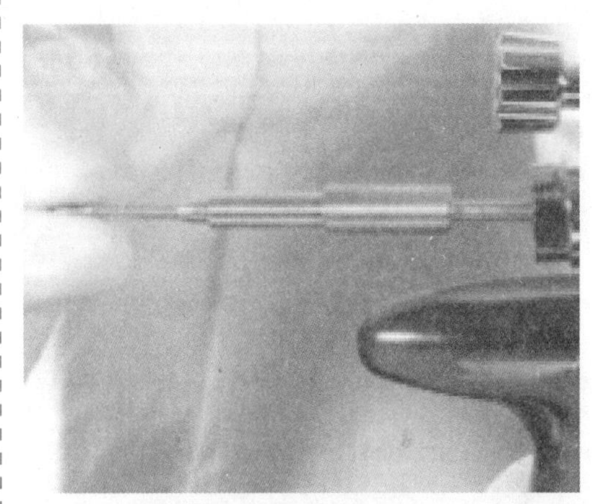

16. 将枪针插回至喷嘴座。

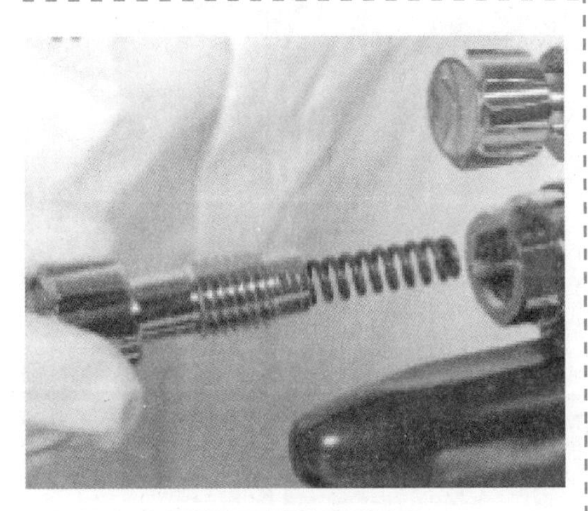

17. 装回枪针弹簧和旋钮。

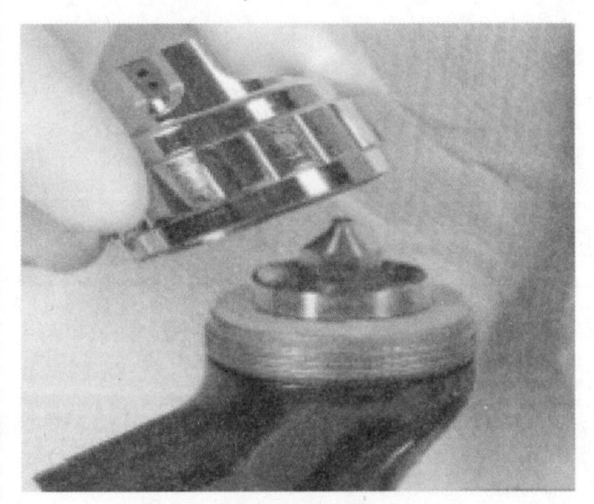

18. 装回空气帽后即可。

（五）更换进液密封件（仅适用于虹吸式及压送式喷枪）

1. 用 18mm 扳手拧开防松螺母。

2. 用 8mm 六角螺钉旋具拧开进液转接器。

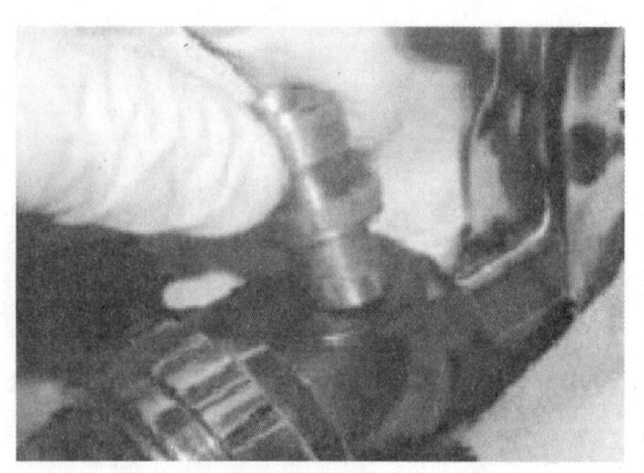

3. 卸下进液转接器。

4. 更换新的进液密封件。

5. 装回并拧紧进液转接器。

6. 拧紧防松螺母。

注意事项

1. 不要把喷枪浸泡在溶剂内（使用中性的清洁液清洗喷枪，要注意清洁液的 pH 值为 6~8）。

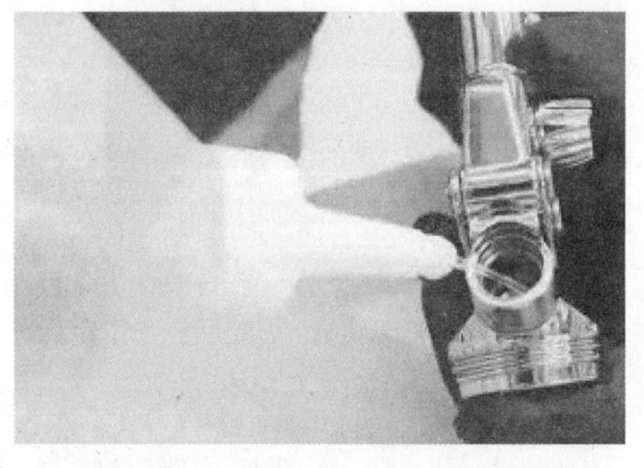

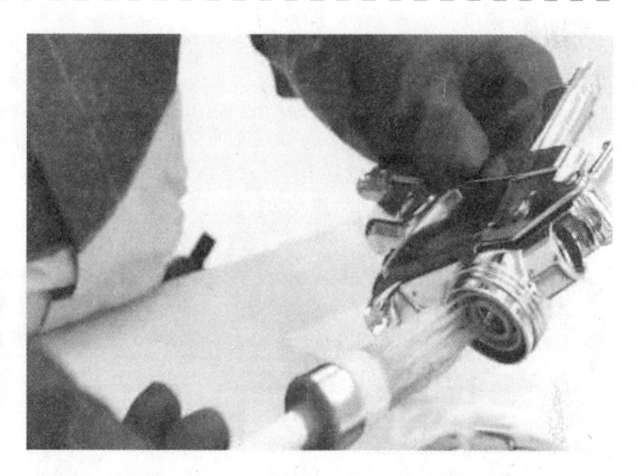

2. 每次使用完喷枪后要及时清洗。

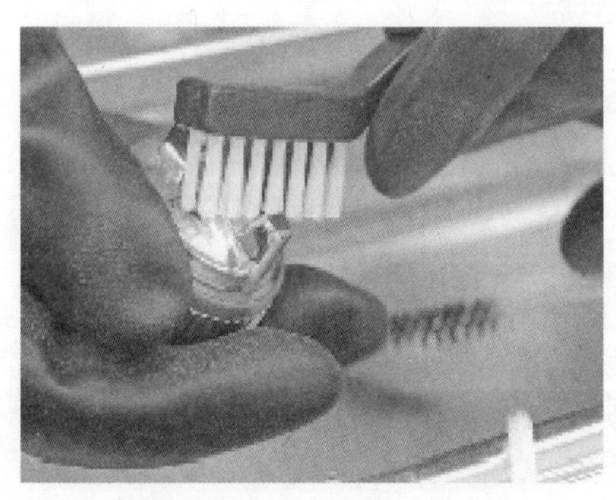

3. 使用 SATA 原装工具清洁喷枪。

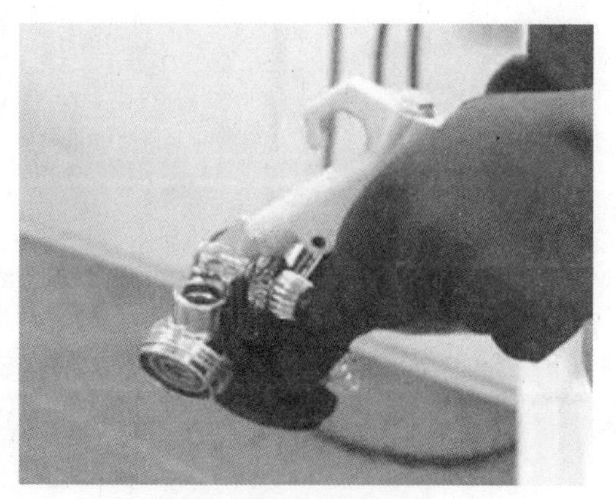

4. 清洗完喷枪后彻底吹干。

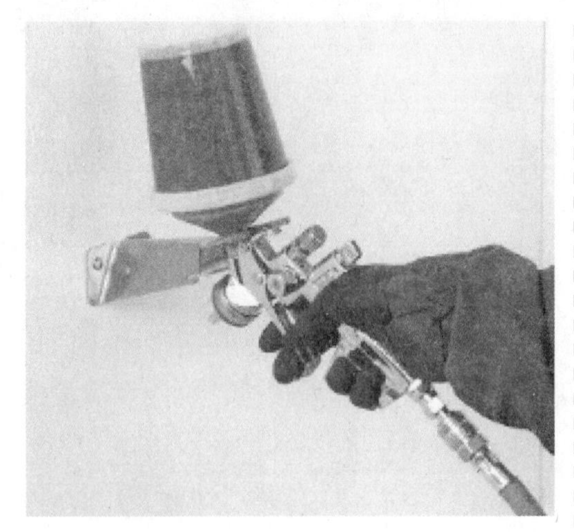

5. 使用或清洗完喷枪，请摆放在合适的喷枪挂架上。

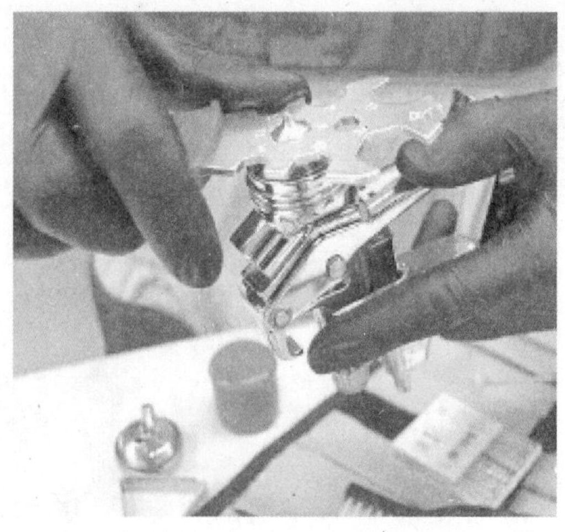

6. 请使用 SATA 原装工具安装、拆卸喷枪配件。

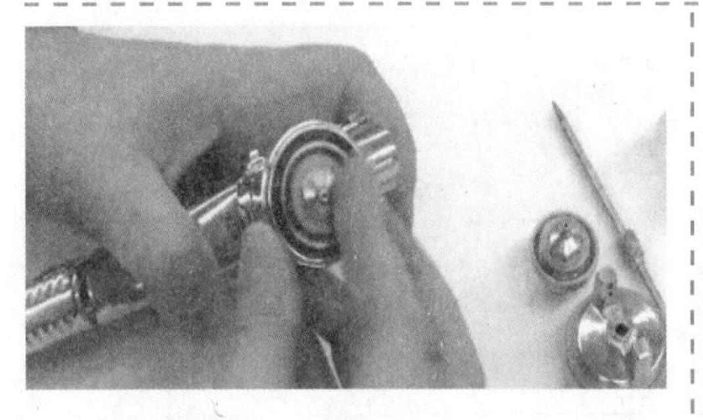

拆 枪针 → 风帽 → 喷嘴

7. 按正确的步骤安装和拆卸喷嘴三件套。

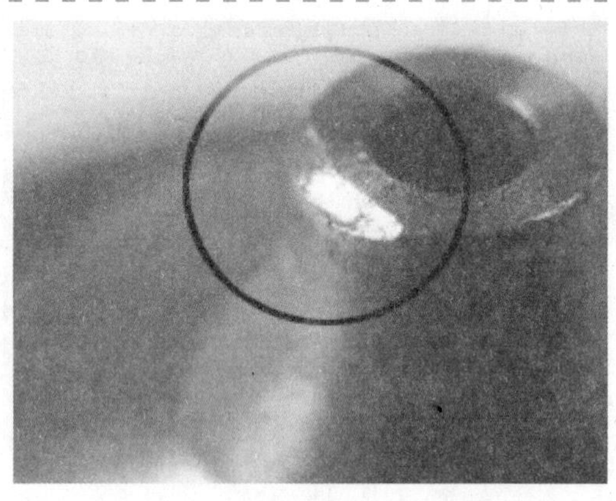

8. 不要使用已损坏的喷嘴。

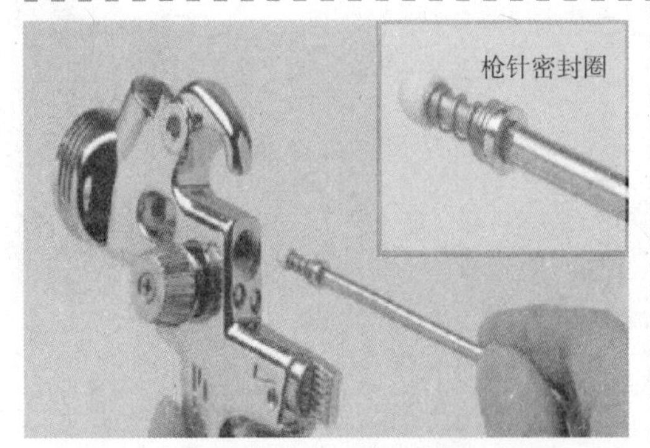

9. 定期检查或更换密封圈。

10. 用适当力度调节喷幅调节旋钮。

11. 使用洁净的压缩空气。

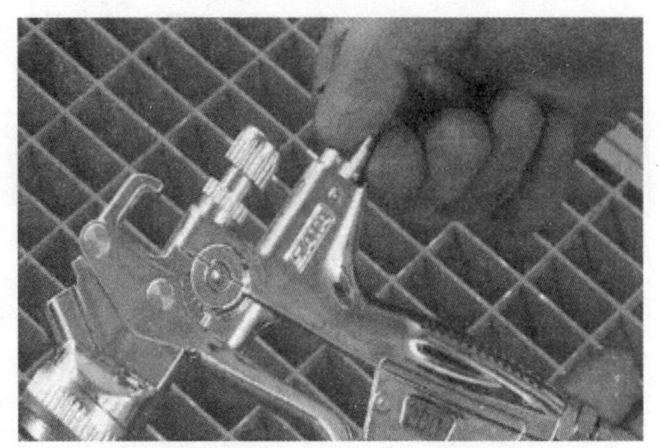

12. 调节正确的气压。

第四节　研磨工具

砂纸

俗称砂皮。一种供研磨用的材料。用以研磨金属、木材等表面，以使其光洁平滑。

砂布

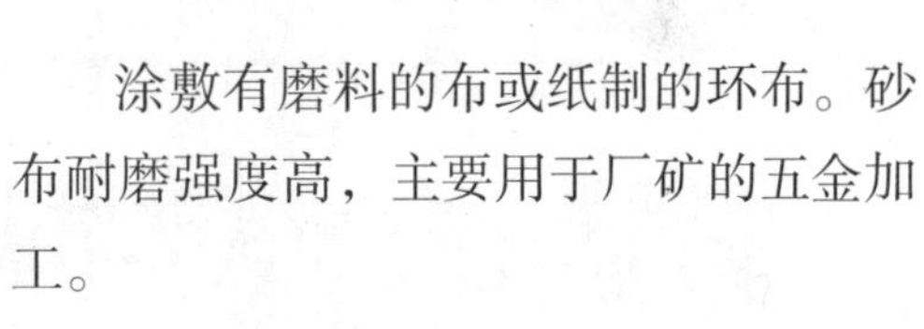

涂敷有磨料的布或纸制的环布。砂布耐磨强度高，主要用于厂矿的五金加工。

圆盘打磨机

以电动机或空气压缩机带动柔性橡胶或合成材料制成的磨头，在磨头上可固定各种型号的砂纸。

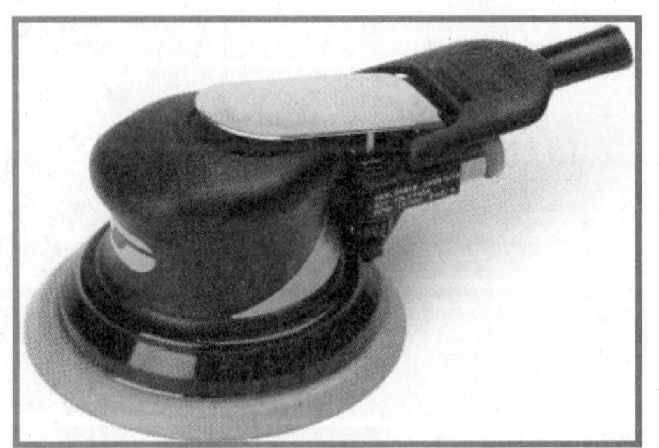

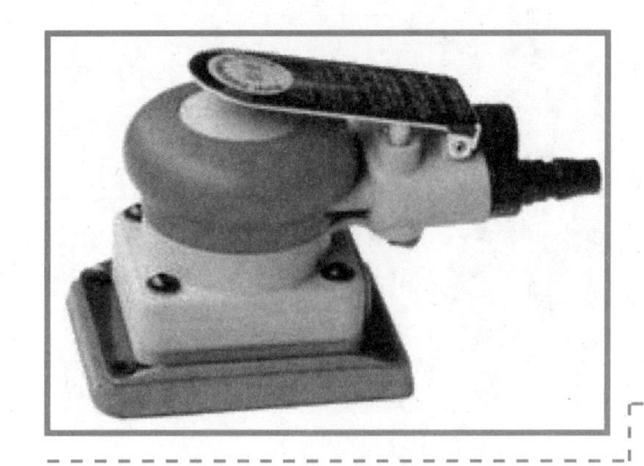

环行往复打磨机

用电或压缩空气带动，由一个矩形柔韧的平底座组成。在底座上可安装各种砂纸。打磨时，底座的表面以一定的距离往复循环运动。

带式打磨机

机体上装一整卷的带状砂纸，砂纸保持着平面打磨运动，它的效率比环行打磨机高。

打磨块

用木块、软木、毡块或橡胶制成。打磨面约 70mm 宽、100mm 长。

第五节　登高工具

直梯

单侧人字梯

双侧人字梯

组合梯

移动梯

折叠式脚手架

伸缩梯

第六节　裱糊壁纸常用工具

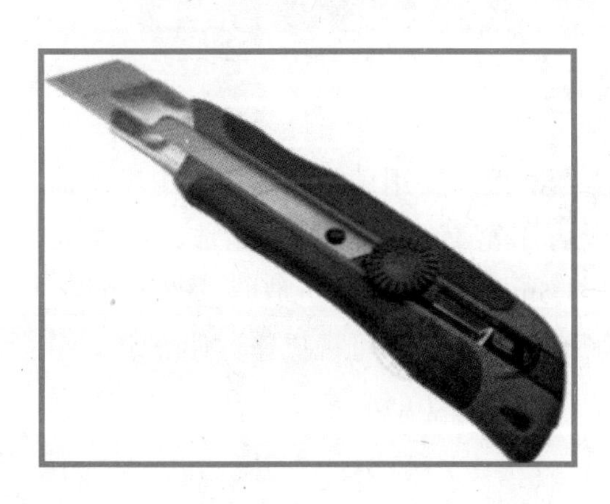

活动剪纸刀

活动剪纸刀又称壁纸刀，刀片可在握柄中伸缩，由优质钢制成，分节，用钝后可截去，使用安全方便，为使用率最高的裱糊、软包工具。

长刃剪刀

长刃剪刀外形与理发剪刀十分相似，适宜剪裁浸湿了的壁纸或重型的纤维衬、布衬的乙烯基壁纸及开关孔的掏孔等。

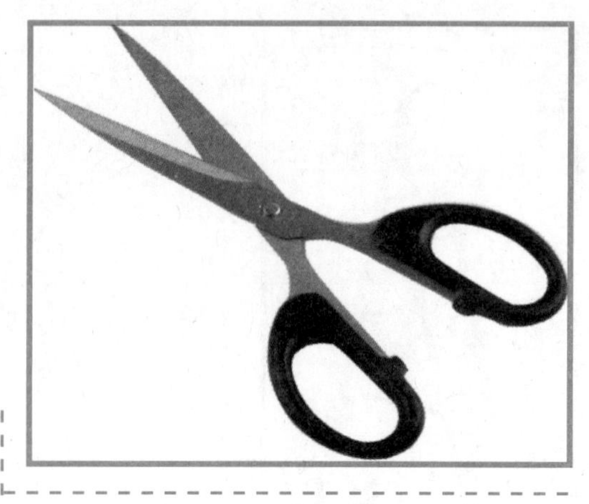

轮刀

轮刀有平刃和齿形刃两种。平刃的轮刀可在壁纸表面压出印痕以便撕开。齿形刃的轮刀能将需裁切的部分压出一行齿孔。

修整刀

修整刀有直角形或圆形的，刀片可更换，主要用于修整、裁切边角和圆形障碍物周围多余的壁纸。

刮板

刮板主要用于刮、抹压等工序。刮板可用富有弹性的钢片制成，厚度为1~1.5mm，也可用有机玻璃或硬塑料板，切成梯形，尺寸可视操作方便而定，一般下边宽度10cm左右。

壁纸刷

壁纸刷用黑色或白色鬃毛制成，安装在塑料或橡胶柄上。主要用于刷平、刷实定位后的壁纸。

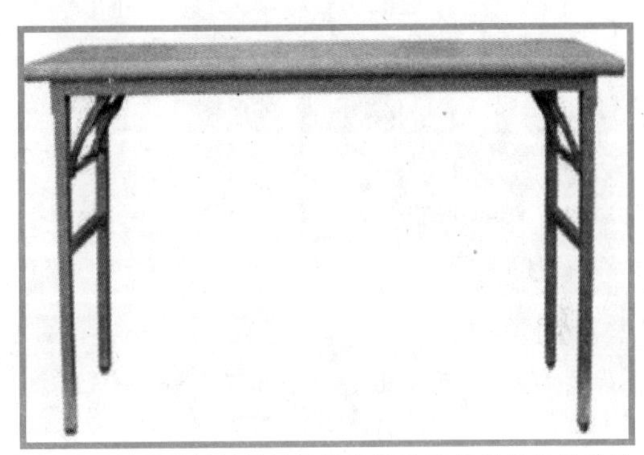

裱糊台

裱糊台为可折叠的坚固木制台面。主要用于壁纸裁切、涂胶和测量。用后应保持台面、台边清洁、光滑。

浆糊辊筒

浆糊辊筒指裹有防水绒毛的涂料辊筒。适用于代替浆糊刷滚涂胶黏剂、底胶和壁纸保护剂。

阴缝辊

阴缝辊用硬木、塑料、硬橡胶等材料制成。适用于阴缝部位壁纸压缝，防止翘边。不适用于绒絮面、金属箔、浮雕壁纸。用后应保持清洁和轴承润滑，滚动灵活。

第四章　涂饰施工

第一节　涂饰操作方法

刮涂

刮涂是采用刮刀对黏稠涂料进行涂饰的一种方法。现代家具及家装工作中，刮涂多用于刮涂腻子或填充剂。

擦涂

擦涂指用布头、棉丝、纱头等吸油性较好的材料作为涂装工具，醮取一定量的涂饰材料均匀地涂布于被涂的木材表面上以达到填孔、着色的目的。目前一般用于有色封闭剂、木纹宝和格丽斯等着色工艺中。

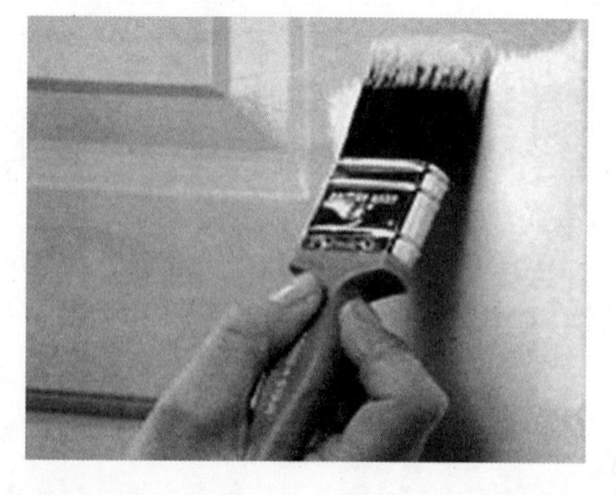

刷涂

刷涂是以毛刷为涂装工具，以手工刷涂的方法将涂料或着色剂均匀地涂布于物体表面上，形成一层均匀而平坦的涂层的涂装方法。

滚涂

滚涂是利用一般滚筒或机械滚筒所进行的涂装方式。滚涂只适用于物体的平面涂装，如人造板、硬纸板、墙面等。

浸涂

浸涂是把被涂物全部浸没于盛有涂料的容器中，经过很短时间，再从槽中取出，并使多余的涂液重新流回槽内的涂装方式。

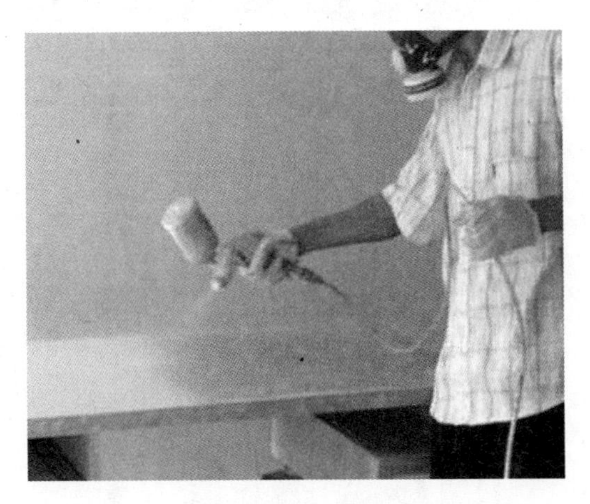

喷涂

喷涂是使液体涂料雾化成雾状，喷涂到木制品表面形成涂层的方法，由于雾化原理不同分为空气喷涂、无气喷涂、静电喷涂、机械喷涂等。

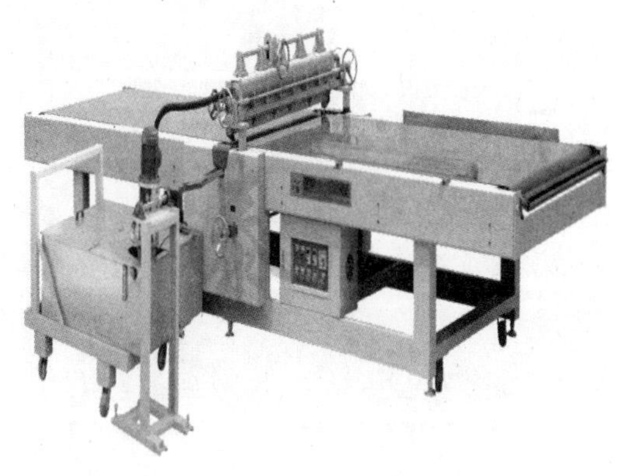

淋涂

淋涂是在淋漆机上进行涂饰的一种方法。用于平面板的表面装饰，具有快速、高效率、低污染的特点，适于工厂大批量加工。

第二节　油漆调配

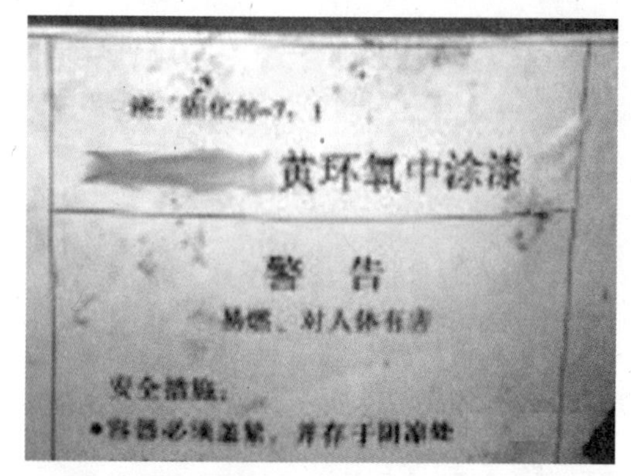

1. 阅读说明书。

2. 打开油漆。

3. 用木棍充分搅拌。

4. 打开固化剂。

5. 添加固化剂。

6. 用木棍搅拌。

7. 清洗黏度杯。

8. 黏度杯放置。

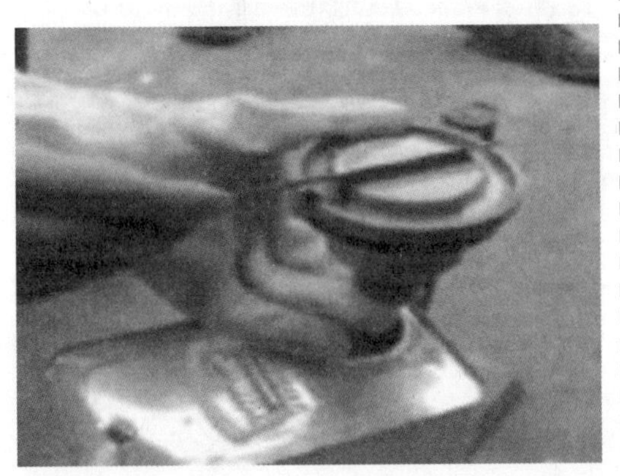

9. 漆液调平。

10. 测定黏度。

11. 记录测量结果。

12. 清洗黏度杯。

第三节　界面剂施工

一、界面剂的工作原理

界面剂能填平基材墙面的孔隙，减少墙体的吸收性，保证覆面砂浆材料在更佳条件下黏结胶凝。同时，界面剂担负着墙面和表面材料黏合的媒介作用，保证整体结合成一个永久黏合的整体。

二、常见界面剂分类及性能

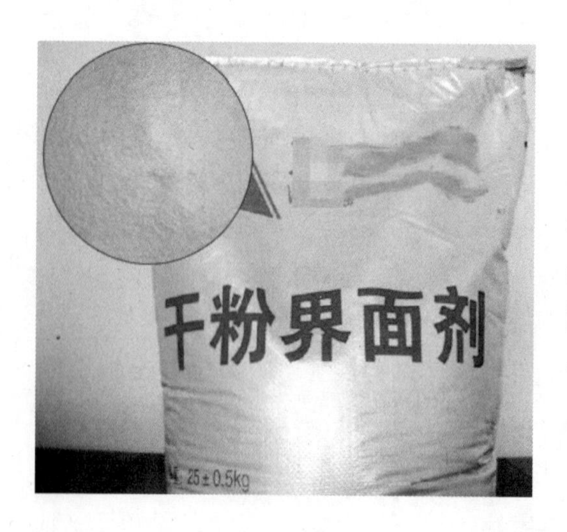

干粉界面剂是由水泥等无机胶凝材料、填料、聚合物胶粉和相关的外加剂组成的粉状物。具有高黏结力，优秀的耐水性和耐老化性。使用时，按一定比例掺水搅拌使用。

乳液型界面剂以化学高分子材料为主要成分，辅以其他填料制成。乳液型界面剂具有更好的物理及化学稳定性，其应用广泛，适用于各种新建工程及维修改造工程，并且可涂于聚苯板、沥青涂层、钢板等不易抹灰的墙体材料。乳液型按其组成及适用基层又分为单组分和双组分，双组分产品使用时，需按比列掺加水泥。

三、界面剂施工方法

1. 进行基面清理。将基层的浮土、油污和疏松层除去。

2. 根据选购的具体界面剂产品说明，调配界面剂。

3. 界面剂搅拌的时候最好使用电动设备进行搅拌，能够更快地将之搅拌成均匀的稀浆状。

4. 用滚筒或毛刷把界面剂浆料涂刷到基面上，不能漏刷。

5. 施工后自然养护即可，保证室内通风，待浆料实干。

四、界面剂施工注意事项

1. 界面剂施工环境要求

施工环境须干燥，相对湿度应小于70%，通风良好。基面及环境的温度不应低于5℃。

2. 特殊情况处理

遇到基材表面为多孔砖结构或者当施工环境温度大于35℃时，界面剂可进行两遍涂抹，以提高其附着力。

3. 按量调配使用

界面剂一次配制量不宜过多，拌和后应在1h内用完。

4. 不忘清洗施工工具

滚筒或毛刷等工具使用后，应尽快用水清洗干净。

第四节　墙面刷乳胶漆

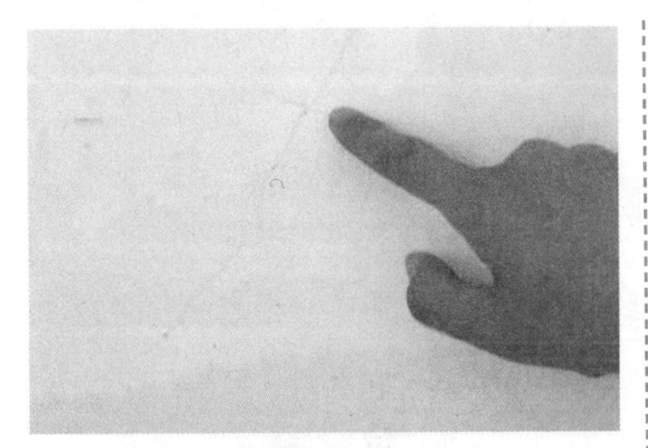

1. 墙体基层检查。

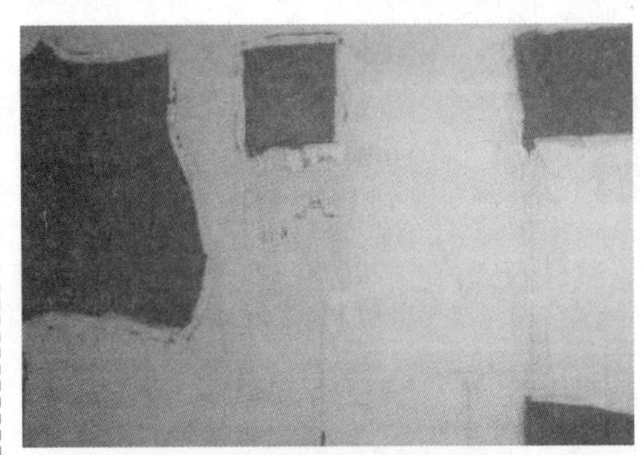

2. 墙体和顶面空鼓处修整平。

3. 铲除墙面、顶面。

4. 墙体工程胶封底。

5. 粘贴网格布，使网格布重叠。

6. 钉眼防锈处理。

7. 石膏板连接处填缝加绷带。

8. 阴阳角满贴绷带。

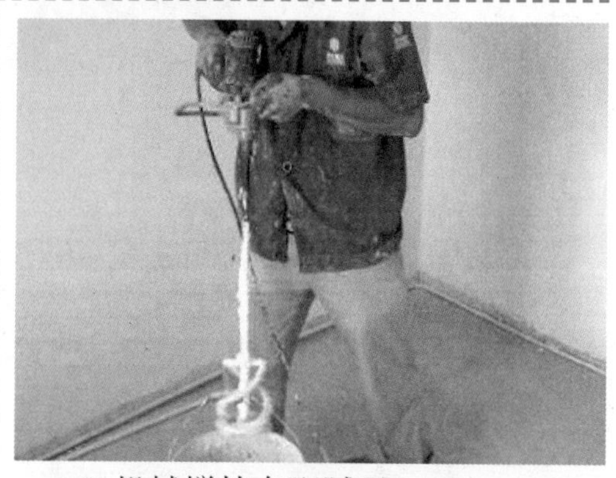

9. 机械搅拌专配腻子。

10. 满批腻子一遍，再补批第二遍腻子。

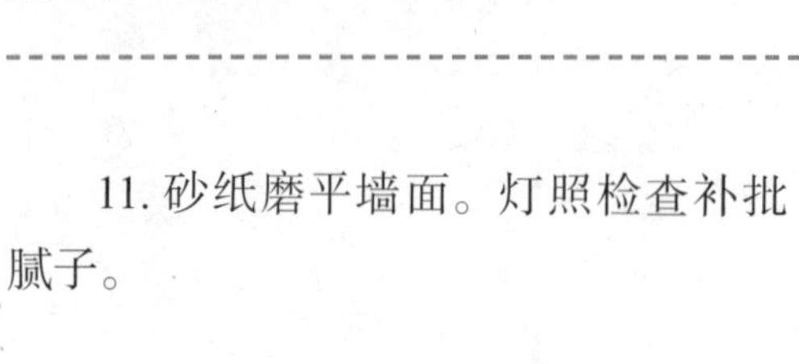

11. 砂纸磨平墙面。灯照检查补批腻子。

12. 踢脚线平直度用长尺检查。

13. 用长尺检查墙体平整（水平）。

14. 用长尺检查墙体平整（纵向）。

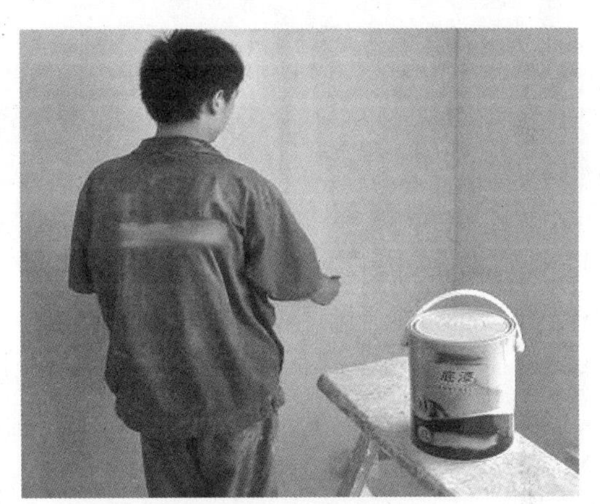

15. 刷乳胶漆专配底漆。

16. 刷乳胶漆面漆。

第五节 墙面刷双色油漆

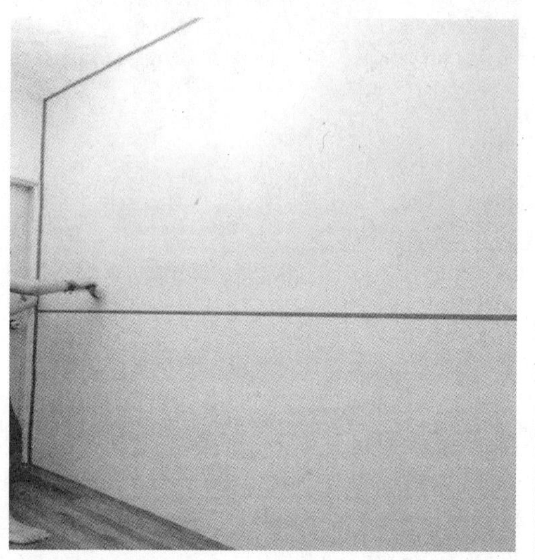

1. 先将墙面分隔成上下两片，比例为 7 : 3 或者 6 : 4，先用遮蔽胶带分隔出来。

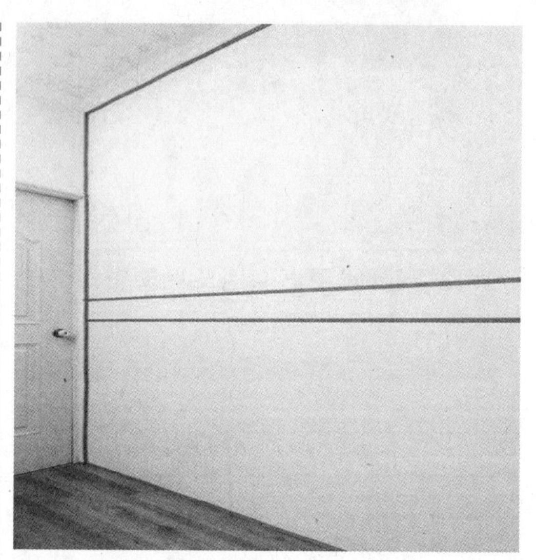

2. 中间的区隔区域，要比海绵的高度多大约 1cm。

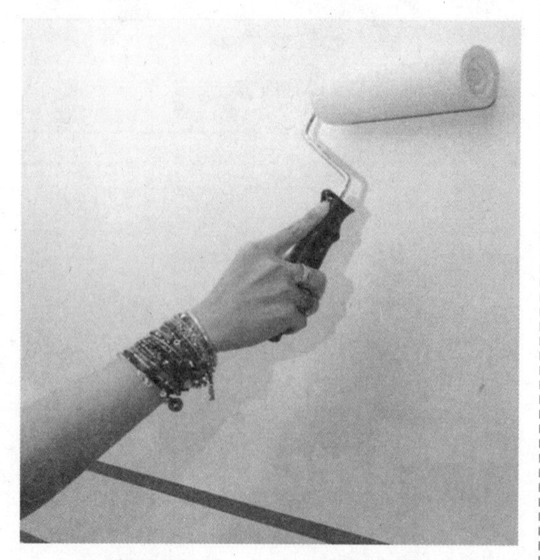

3. 用滚筒刷，沾上鹅黄色漆后上下来回滚刷漆。

4. 在遮蔽胶带附近，滚筒刷拿横向左右刷漆，才不会越界。

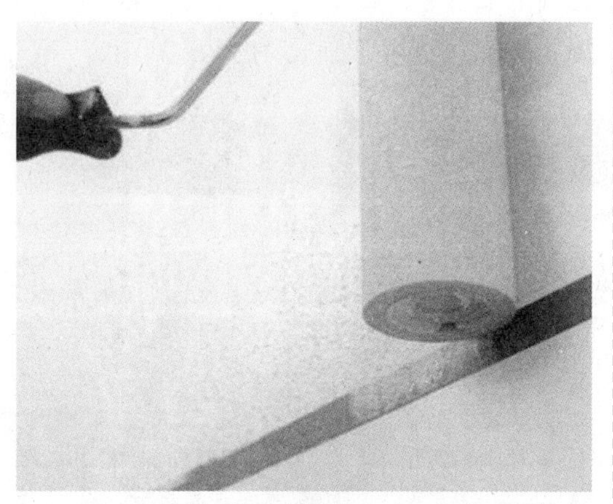

5. 用滚轮的边缘可以把遮蔽胶带边缘的墙面均匀上漆。

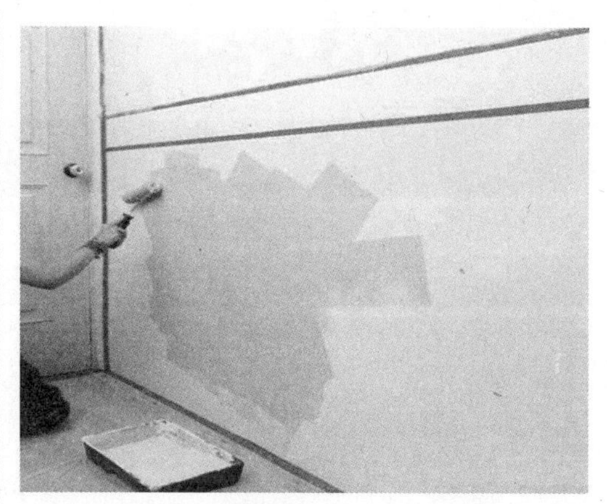

6. 最后用相同的方法，油漆下方的粉红色。

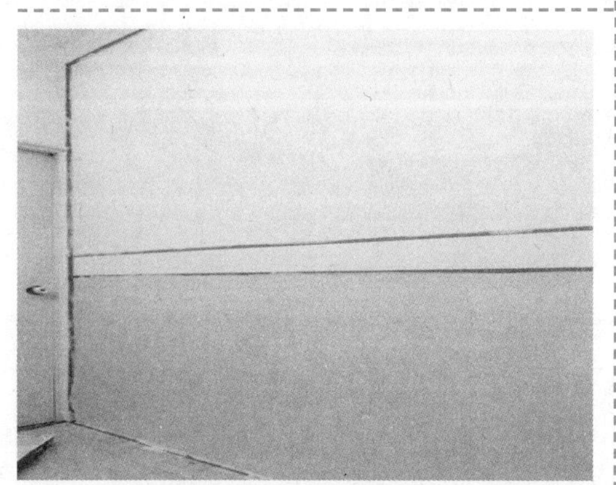

7. 中间区隔部分，要等上下两色油漆略干后才能处理，大概需要 15min。

8. 把自己喜欢的图案画在海绵上，然后利用美工刀将图案切割出来。将有图案的海绵沾上第三种颜色的油漆。

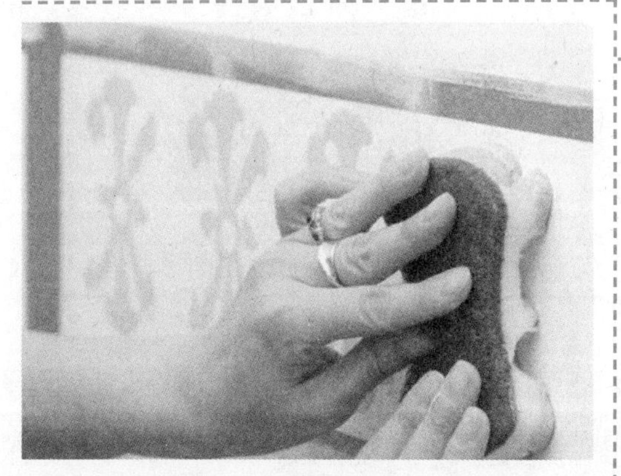

9. 将海绵上的图案，轻压印在区隔部位。

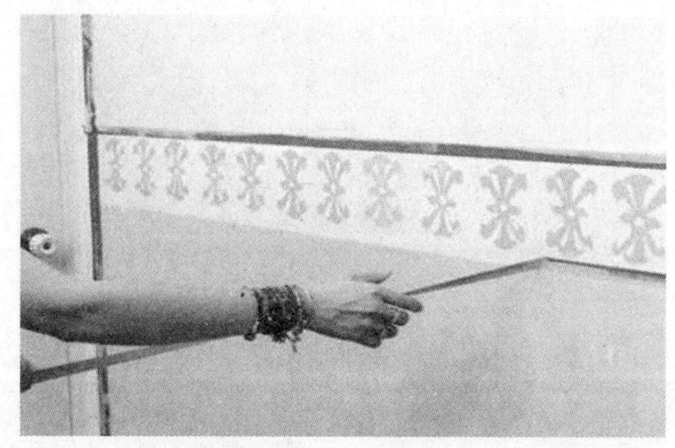

10. 等油漆图案风干以后，将遮蔽胶带撕掉即可。

第六节　顶面涂料滚涂

操作步骤

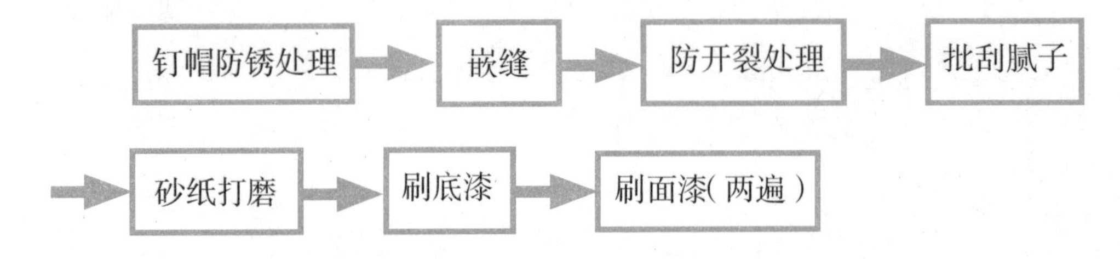

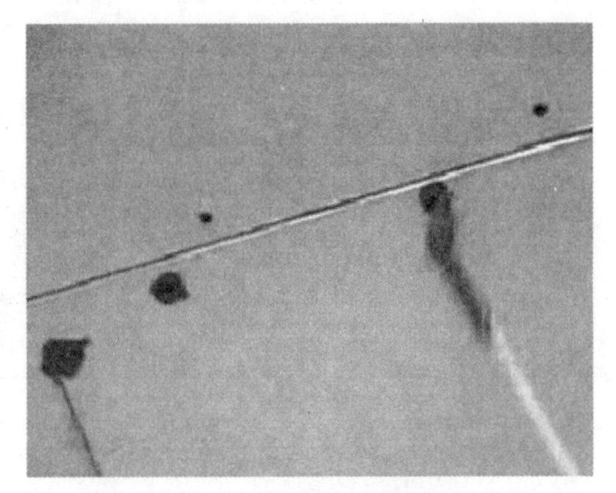

1. 钉帽防锈处理。

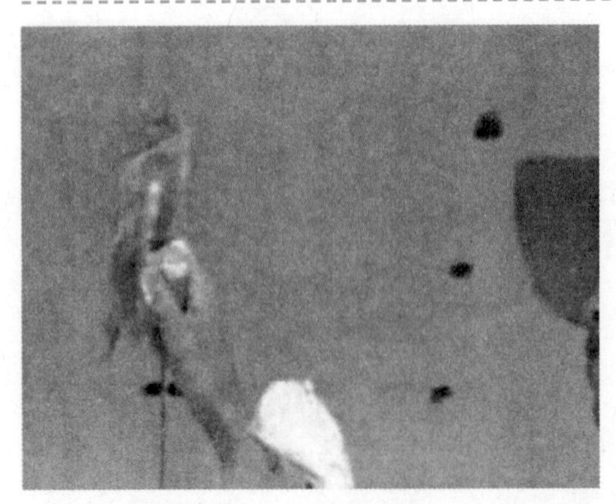

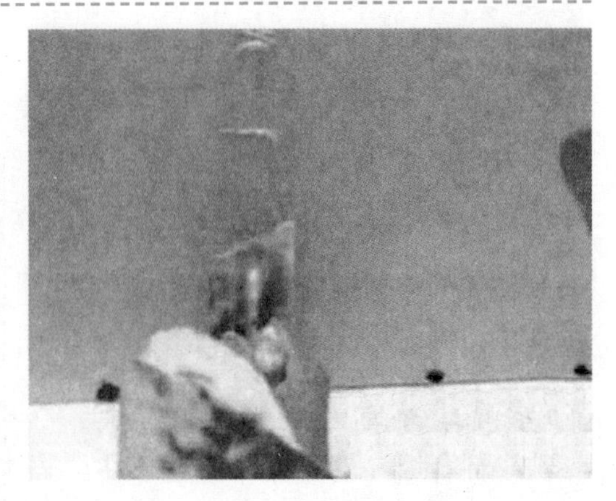

2. 嵌缝。

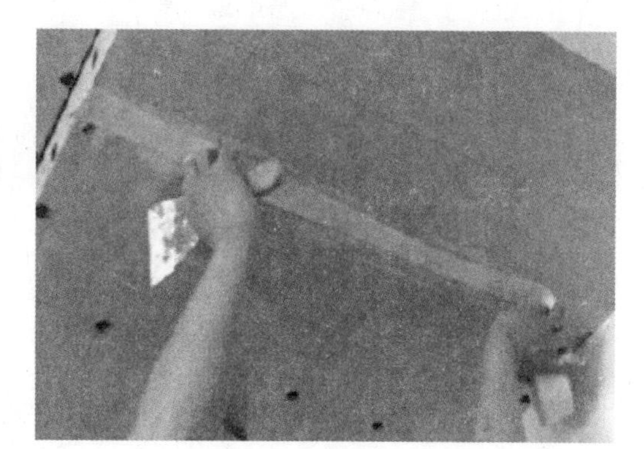
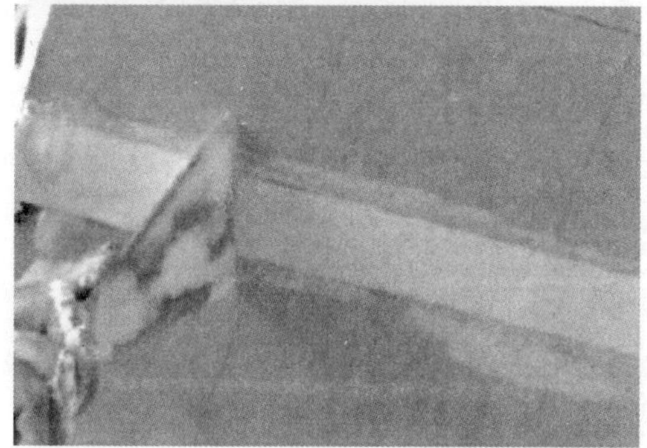

3. 防开裂处理。

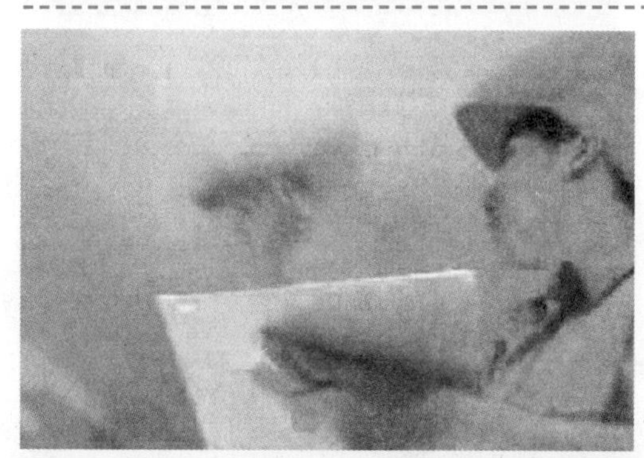

4. 批刮腻子。

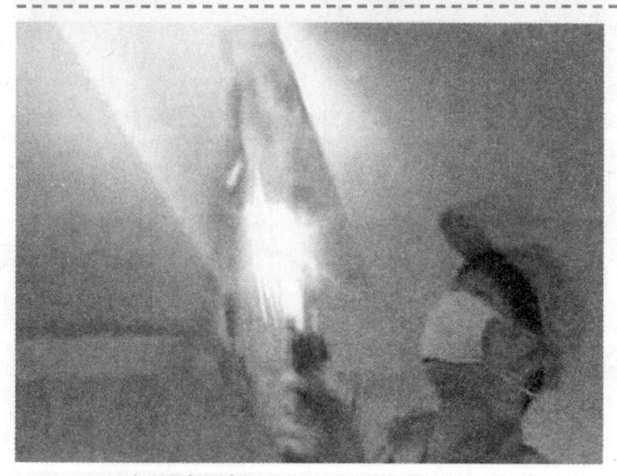

5. 砂纸打磨。

6. 刷底漆、面漆。

第七节　内墙涂料滚涂

操作步骤

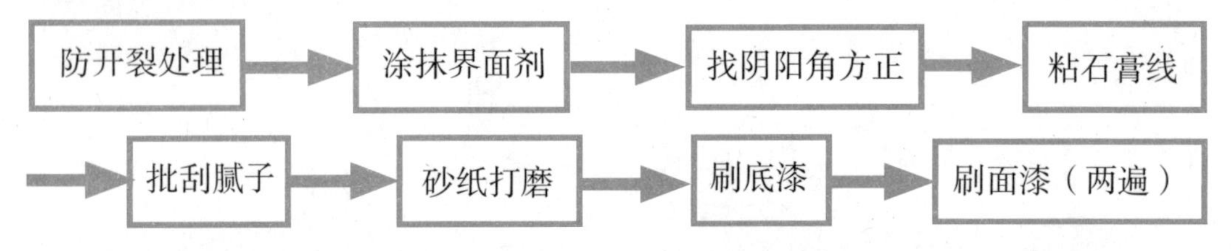

（一）防开裂处理

1. 为了防止墙面开槽接缝等处开裂，常在接缝处粘贴一层 50mm 宽的网格绷带或牛皮纸带。需要时也可贴两层，第二层的宽度为 100mm。

2. 其粘贴操作方法：先在基层面交接处用旧短毛油漆刷涂刷纯白胶乳液，将纸带粘贴后，用贴板刮平、刮实。

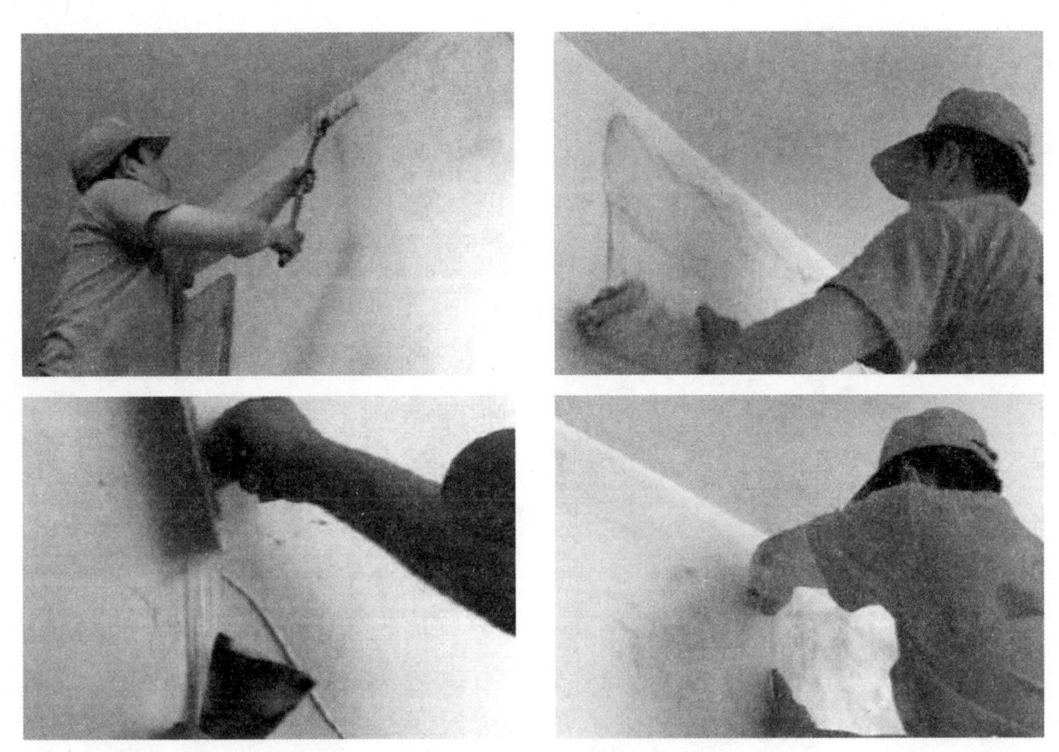

3. 具体方法：先在墙面滚刷乳胶液，乳胶液要刷的均匀，不能漏刷。然后，将浸湿的的确良布上墙粘贴，用刮板刮出多余的胶液。

（二）涂抹界面剂

在嵌批腻子前，为了提高墙面的附着力，需要涂抹界面剂。涂抹时，应用滚筒从下往上滚刷，涂抹一遍即可。但要仔细，不能漏刷。

（三）找阴阳角方正

1. 在两墙角间拉线，并将墨线弹到一面墙上，然后以这条线为基准，用石膏沿线进行修补。

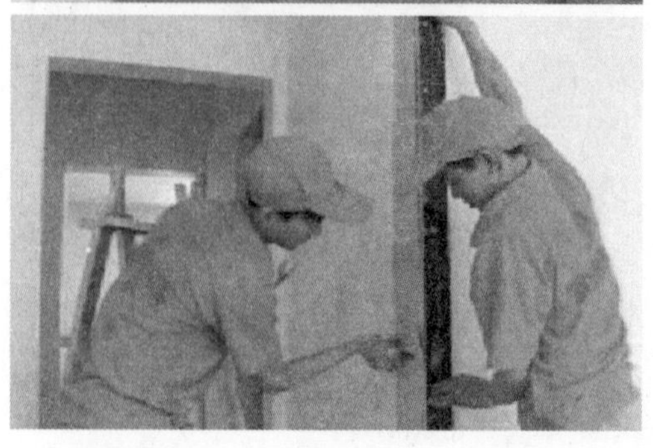

2. 阳角的处理方法：用靠尺一边与阳角对齐，再用线坠将靠尺调整垂直，这样就可检测出阳角的缺陷。然后就可以进行修补了。

（四）粘石膏线

1. 根据线条的宽度按45°俯角算出从阴角往两直角邻边的距离，取一个阴角两端在一面墙上的两个点，再弹线。

2. 将地位线弹好。

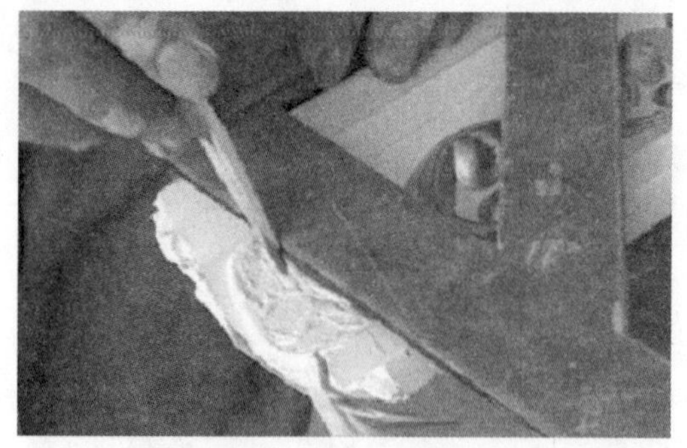
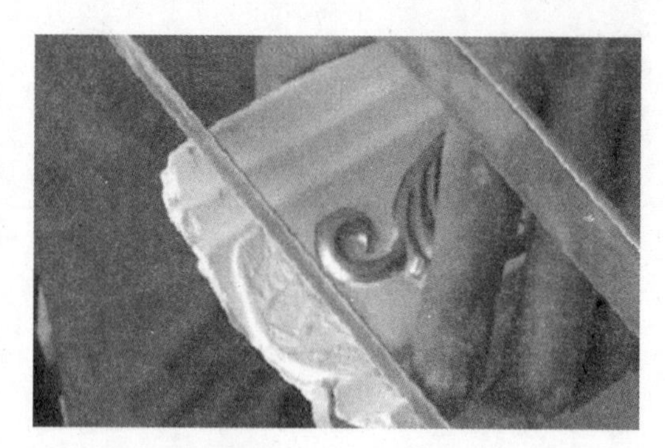

3. 开始下料。

4. 石膏线在拐角处，需要碰角，注意它并不是以 45° 剪裁碰角。

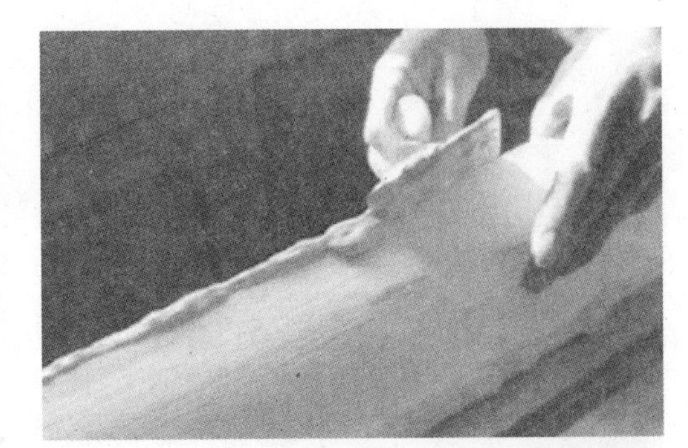

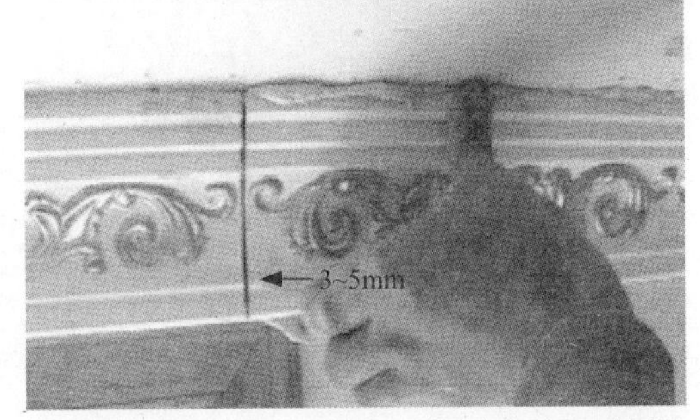

5. 贴石膏线需用快粘粉，它凝结的速度比较快，所以，要一次用多少，就调多少。

（五）批刮腻子

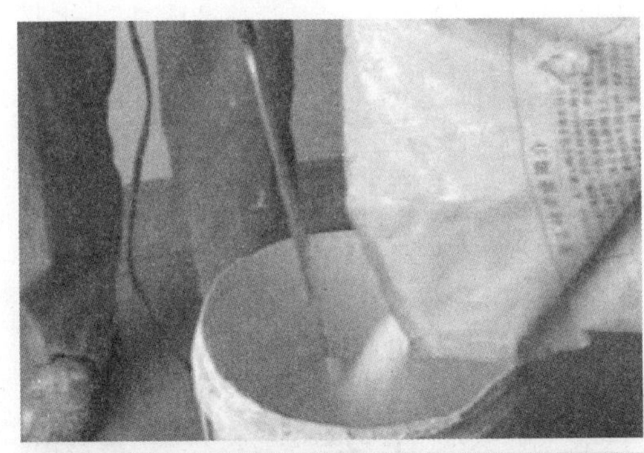
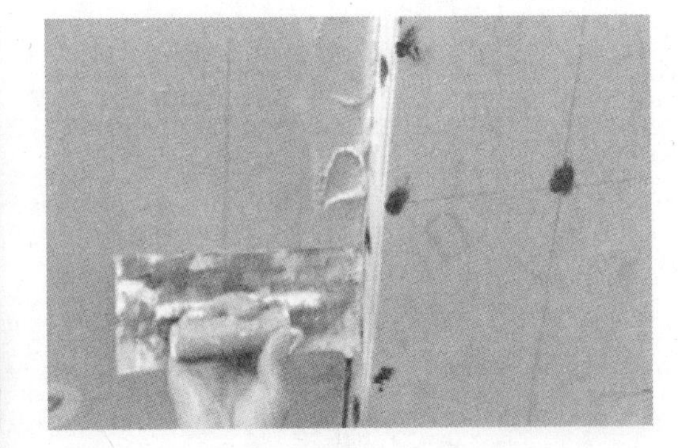
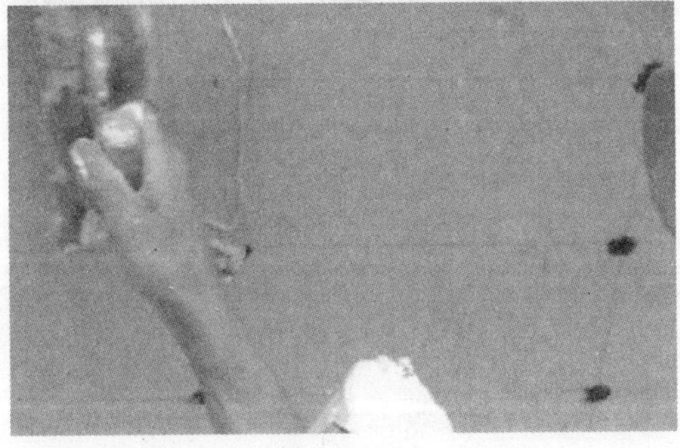

1. 嵌补腻子。使用石膏腻子的配合比为石膏粉∶乳液∶纤维素 =100∶4.5∶60，用它将表面的大裂缝和坑洼嵌补平整，要填平、填实，收净腻子。

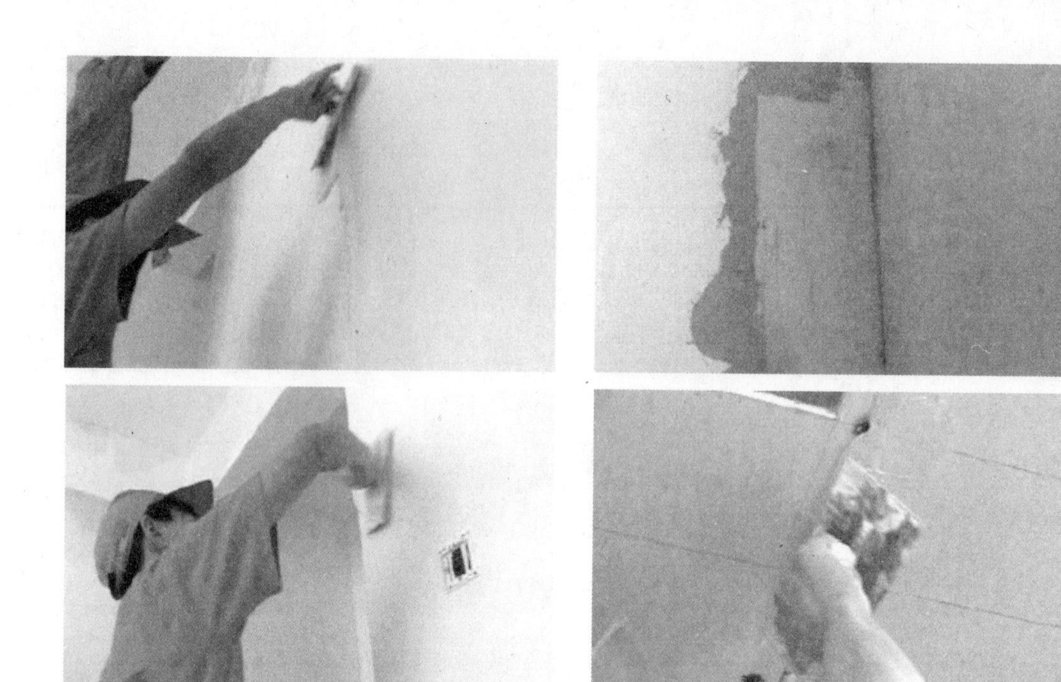

2. 批刮腻子。要求刮的平整，四角方正，横平竖直，阴阳线角竖直，与其他物面连接处整齐、清洁。应注意墙面的高低平整和阴阳角的整齐。略低处应刮厚些，但每次的厚度不超过 2mm，一次批不平，可分多次批。

（六）砂纸打磨

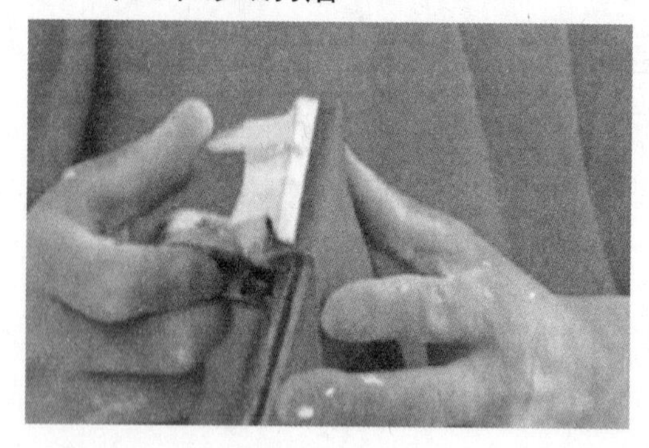

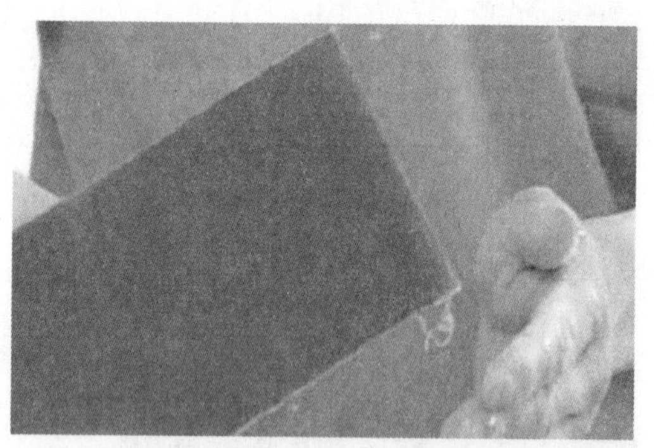

用 1 号砂纸将嵌补处打磨平整，并将浮尘扫净。

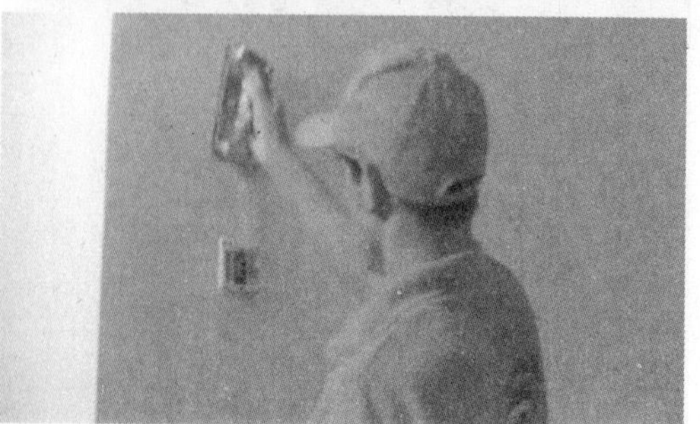

（七）涂刷底漆

1. 涂刷底漆时，油漆涂料要摊的厚一些，以满足基层的吸收。但理油时，应将多余的底漆刷开，表面的涂层不能过厚。

2. 在底漆干燥后，应对墙面进行一次细致的检查。

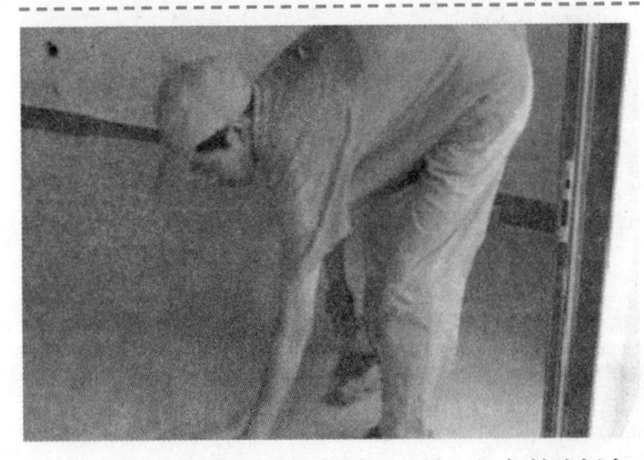

3. 地面也应该干净，然后才能拭涂面漆。

（八）涂刷面漆

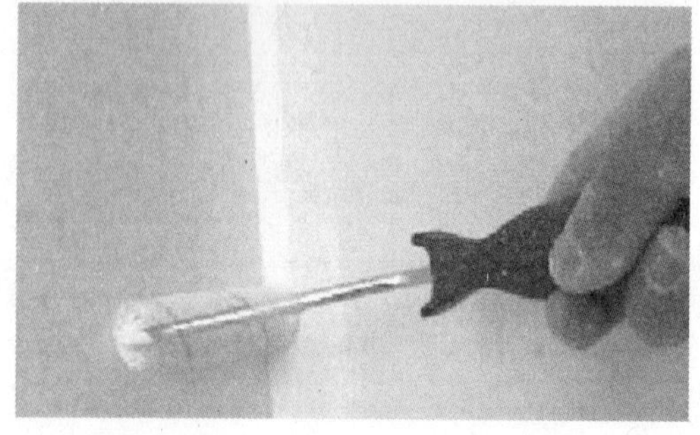

用滚筒在墙面上滚涂，应顺着房间的高度滚涂，从上而下，再从下而上，呈“M”形滚动。当滚筒比较干燥时，再将刚刚滚涂基本完成的表面，轻轻滚刷一遍，以达到涂层薄厚一致的效果。

第八节　木材面涂饰

一、木制品油漆喷漆

1. 施工前的准备

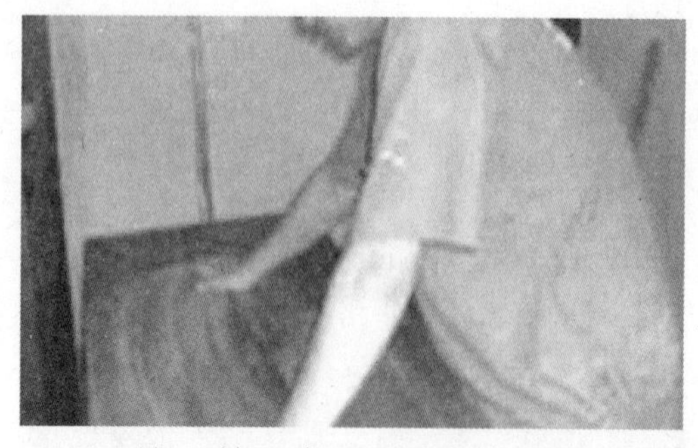

1. 施工前，先要对木工打制的柜体做检查。

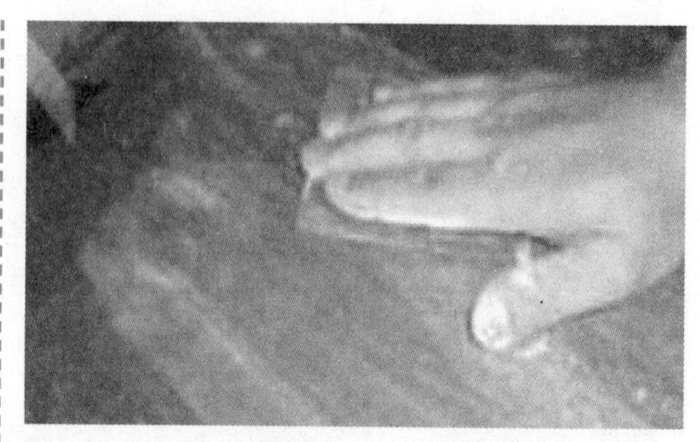

2. 将需要喷漆的表面用细砂纸打毛一遍。

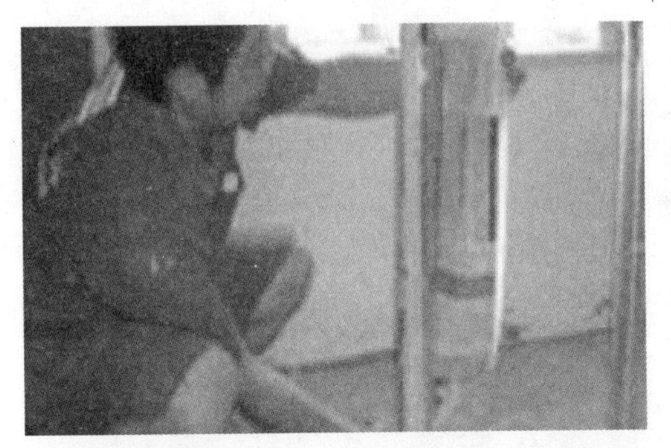

3. 要注意对喷漆作业附近的成品及半成品做好保护。

4. 准备相应的喷涂工具与设备，如喷枪、空气压缩机、连接管线等。

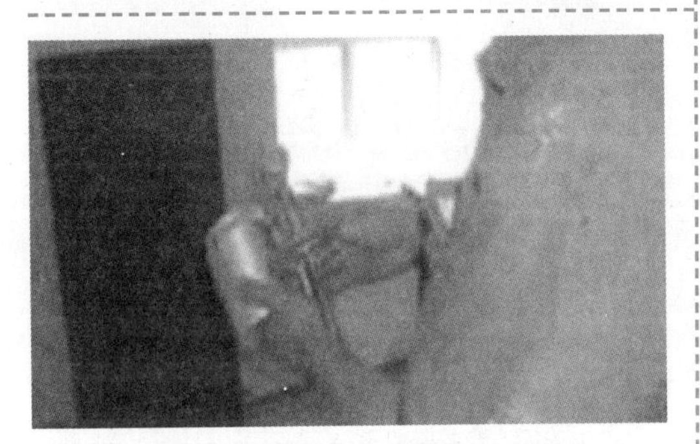

5. 用稀释剂将喷枪清洗干净，不能有任何灰尘和残渣。

6. 准备调油。首先要对油漆及稀释剂型号、规格、颜色、粘度进行确认。

2. 施工流程

1. 木器漆一般是不可以直接刷在木制品上的，要按照比例将稀释剂、固化剂以及主剂勾兑均匀，再将调匀的底漆倒入至喷枪容器里。

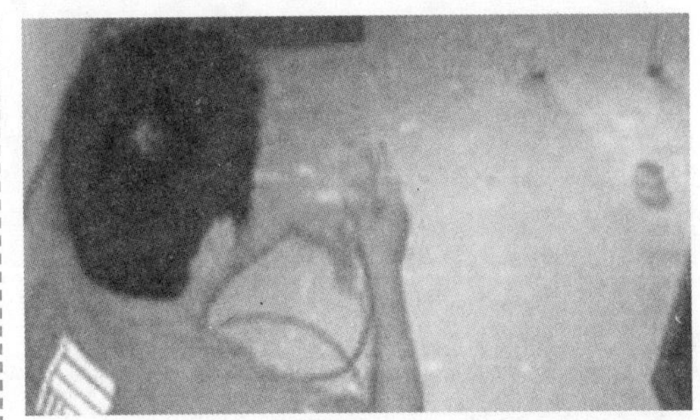

2. 喷枪喷嘴移动的速度与被喷涂表面的距离，会对漆膜的质量产生影响。需要经过反复试喷后，确定适宜的喷涂距离。

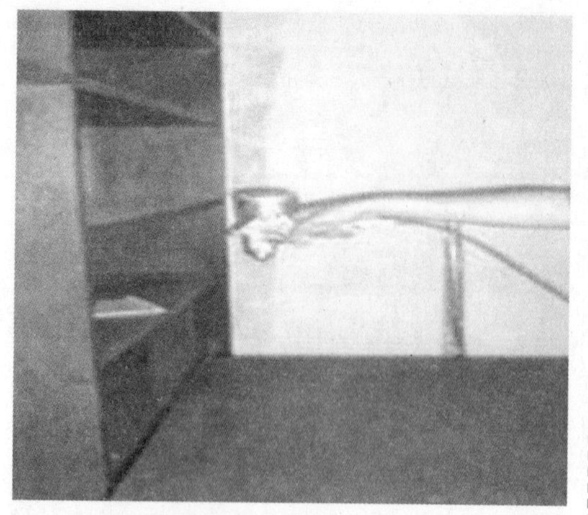

3. 使喷嘴对着木制品表面始终保持垂直状态平行移动。

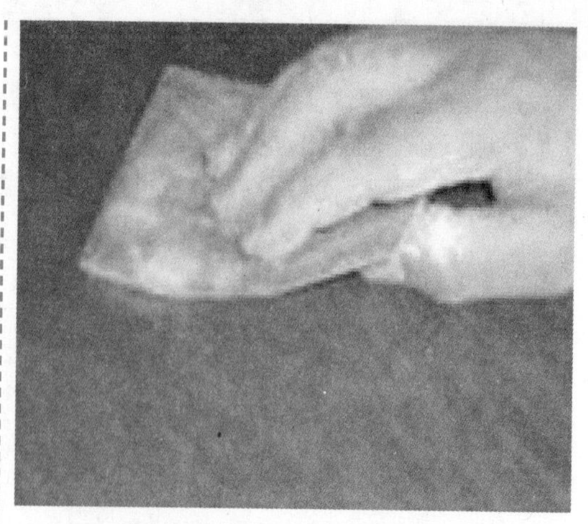

4. 等喷涂第一遍底漆确认收干以后，再用细砂纸打磨光滑、均匀。

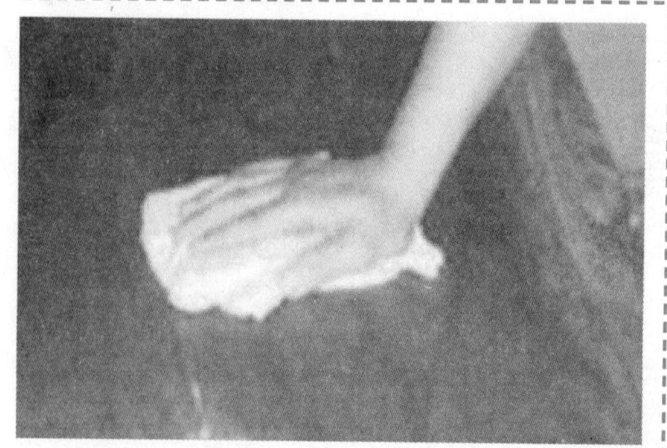

5. 待砂纸打磨好第一遍喷涂底漆后，再将木制品及其周围墙地面清扫干净。

6. 按照上面介绍同样的步骤，重复再喷涂 2~3 遍底漆。

二、硝基清漆涂刷

操作步骤

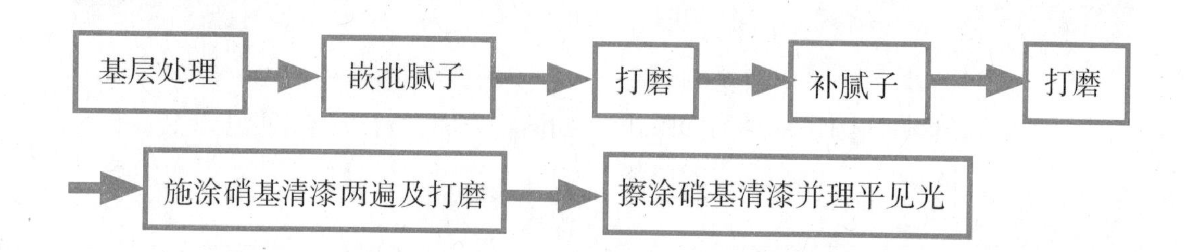

（一）准备工作

使用工具

（二）基层处理

木材进场后，首先要将木材表面的粘着物清理干净。

（三）嵌批腻子

批刮腻子时，手持铲刀与物面倾斜成 50° ~60° 角，用力填刮。木材面、抹灰面必须是在经过清理并达到干燥要求后进行。

（四）打磨

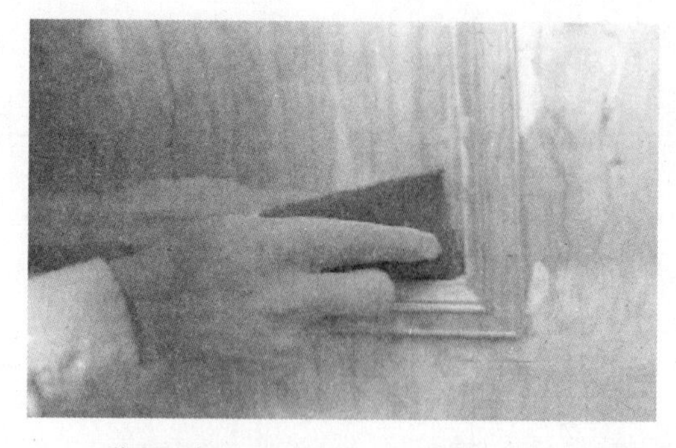

满批腻子干燥后，要用 1 号木砂纸打磨平整，并掸扫干净。

（五）补腻子

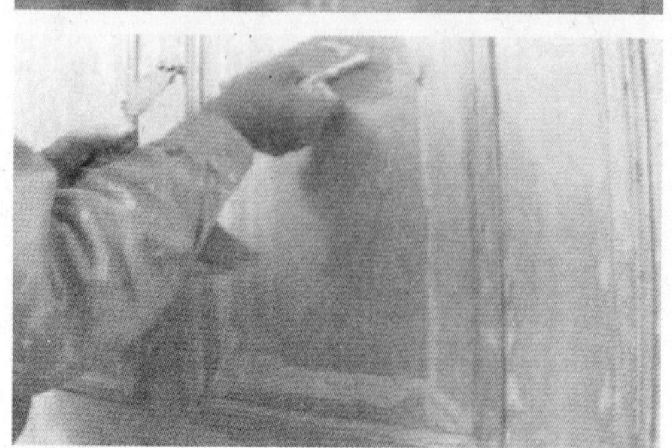

为防止腻子塌陷，复嵌的腻子应比物面略高一些，腻子也可稍硬一些。

（六）打磨

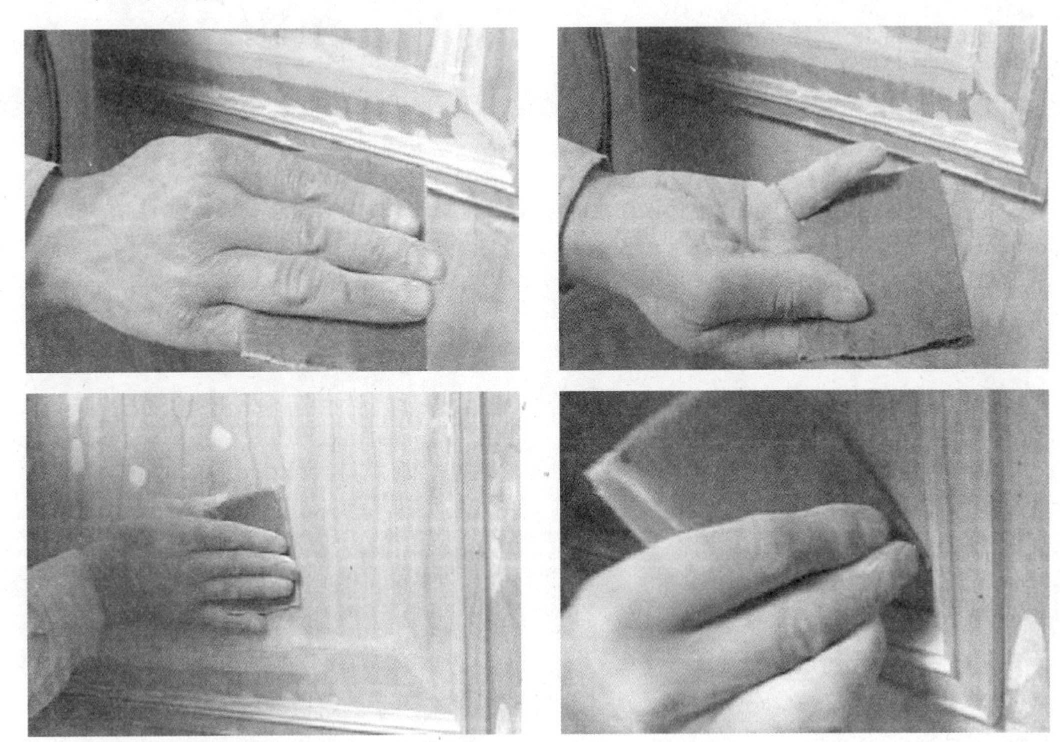

打磨平面时，砂纸要紧压在磨面上。打磨线角要用砂纸角或将砂纸对折，用砂纸边部打磨，不能用全张砂纸打磨。打磨应掌握除去多余、表面平整、轻磨慢研、线角分明，不能把菱角磨圆，要该平的平，该方的方，磨完后手感要光滑。

（七）施涂硝基清漆两遍及打磨

1. 底漆一般刷 1~3 遍。

2. 在第一遍清漆施涂干后，要检查是否有砂眼及洞缝，如果有，则用腻子复补。复补腻子时应注意，不能超过缝眼，每遍施涂干燥后都要用 0 号旧木砂纸打磨，磨去涂膜表面的细小尘粒和排笔毛等。

（八）擦涂硝基清漆并理平见光

1. 先将厚稠的硝基清漆，比例为香蕉：水＝1 :（1~1.5）混合搅拌均匀后，用 8~12 管不脱毛的羊毛排笔施涂 3~4 遍。

2. 每遍硝基清漆施涂的干燥时间，常温时 30~60min 能全部干燥。每遍施涂干燥后，都要用 0 号旧木砂纸打磨，磨去涂膜表面的细小尘粒和排笔毛等。

3. 在修补过的部位，会产生一定的色差。所以，要对局部进行修色矫正，达到表面色彩自然统一。

4. 开涂硝基清漆并理平见光。刷涂第三遍面漆时，要比第一遍稀一些，顺木纹方向理顺至理平见光。

三、调和漆喷刷

操作步骤

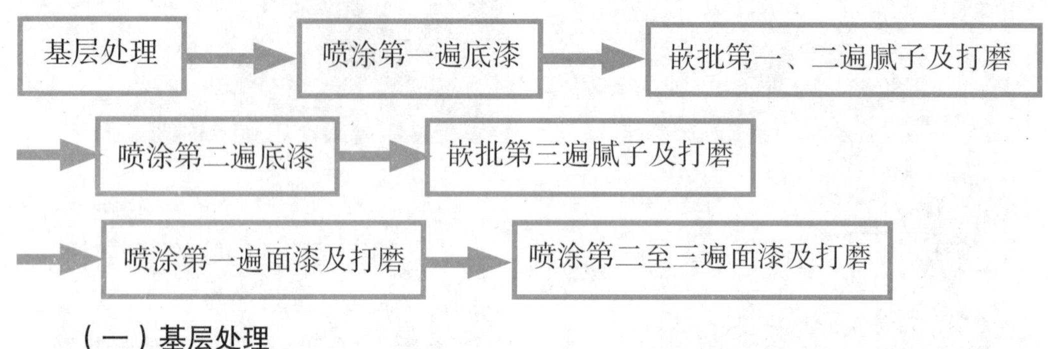

（一）基层处理

1. 刮灰土、挖松囊、除脂迹。用 1 号以上的砂纸打磨掉木材面的木毛、边棱，在木节疤和油脂处点漆片。用配套底漆或清油（用汽油和光油配制）或白色油性漆，按次序涂，不得遗漏，刷薄、刷匀。

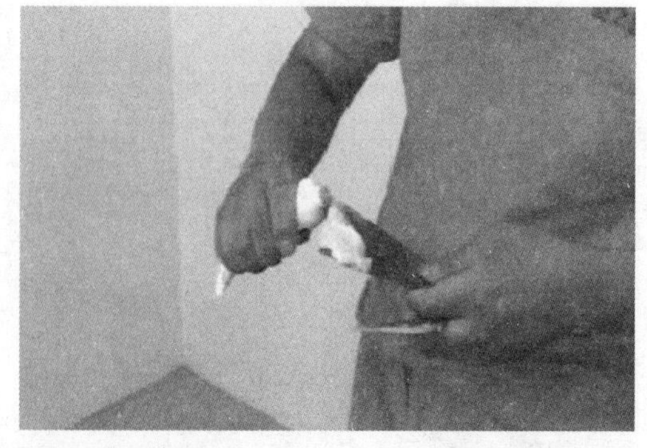

2. 调和漆所使用的腻子是用原子灰添加固化剂调制而成的，具有连接性好、防开裂等特点。使用时，要尽量将原子灰与固化剂混合均匀。

3. 用配套腻子或石膏腻子，参考配合比为光油 : 石膏＝1:3，水适量。待底油干透后，将钉孔、裂缝、节疤、边棱残缺处，用腻子刮抹平整。

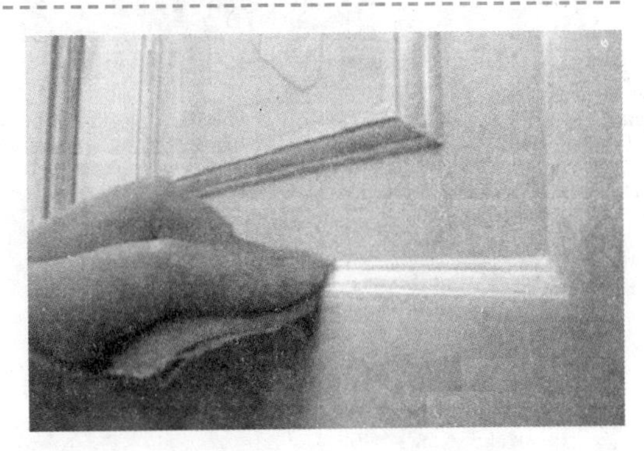

4. 腻子干透后，用 1 号砂纸打磨，不得磨穿涂层前棱角。磨光后，打扫干净，用潮布擦去粉尘。

（二）喷涂第一遍底漆

喷涂的底漆要稀释，再喷涂。

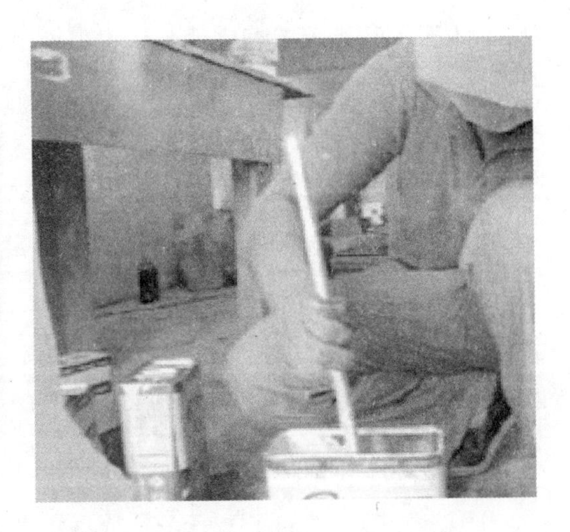

这遍底漆要调配得稀一些，以增加厚道腻子的结合能力，其他同第一遍底漆。

（三）嵌批第一、二遍腻子及打磨

补腻子

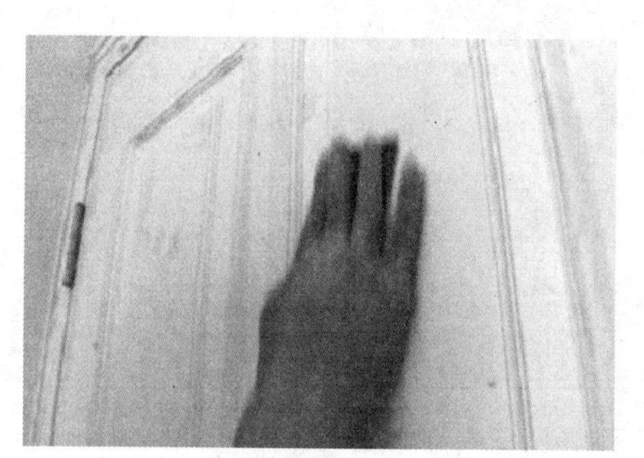

打磨

（四）喷涂第二遍底漆

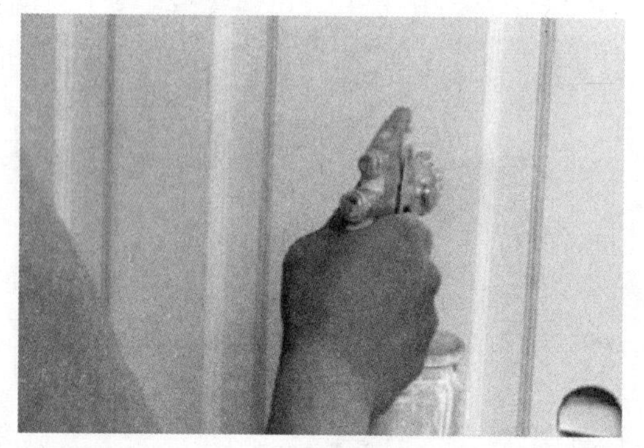

这遍底漆要调配得稀一些，以增加厚道腻子的结合能力，其他同第一遍底漆。

（五）嵌批第三遍腻子及打磨

喷涂第二遍底漆后，还要进行一次最后的精补腻子。

（六）喷涂面漆及打磨

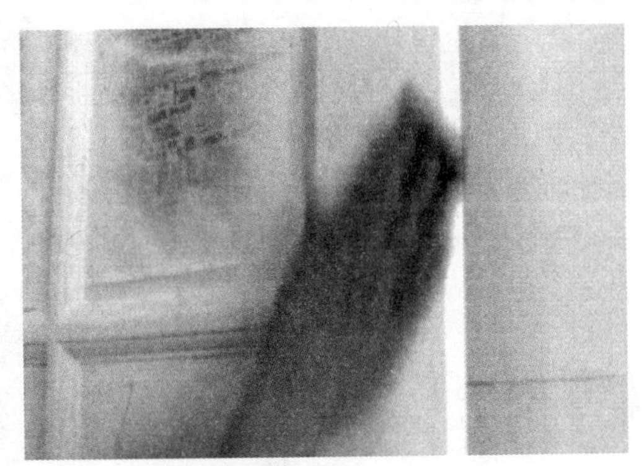

第九节　古建筑彩绘工艺

一、古建筑彩画

金龙和玺彩画

金凤和玺彩画

龙凤和玺彩画

龙草和玺彩画

金琢墨石碾玉旋子彩画

烟琢墨石碾玉旋子彩画

金线大点金旋子彩画

墨线大点金旋子彩画

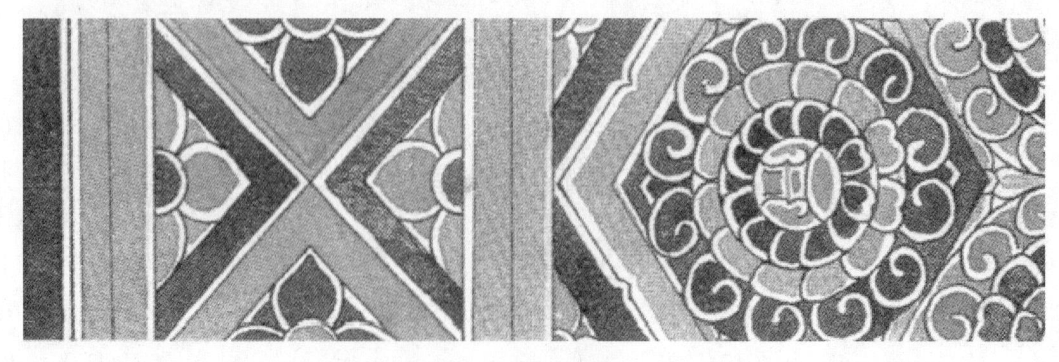

雅五墨旋子彩画

雄黄玉旋子彩画

苏式彩画

二、彩绘工艺

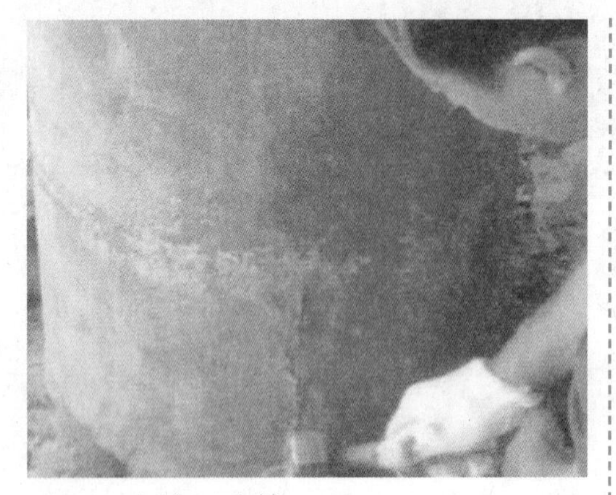

1. 去除旧地仗。

2. 捉缝灰、扫荡灰。

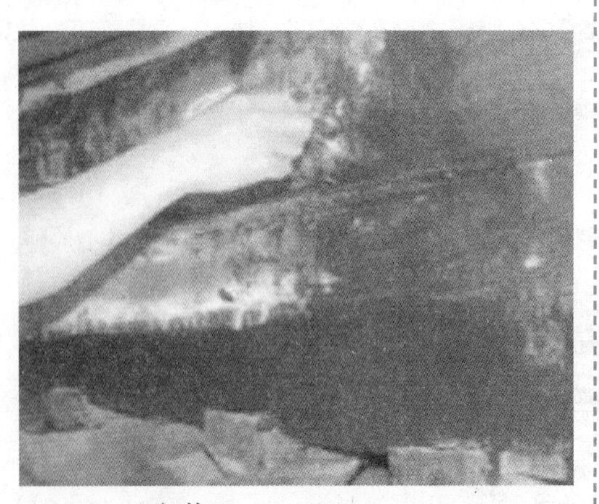

3. 开头浆。

4. 粘麻。

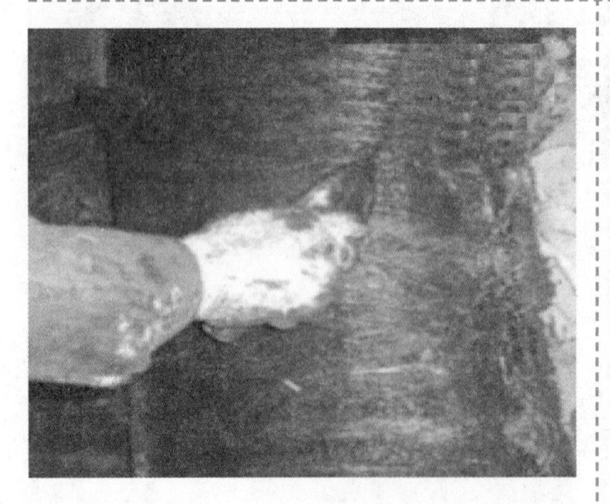

5. 压麻。

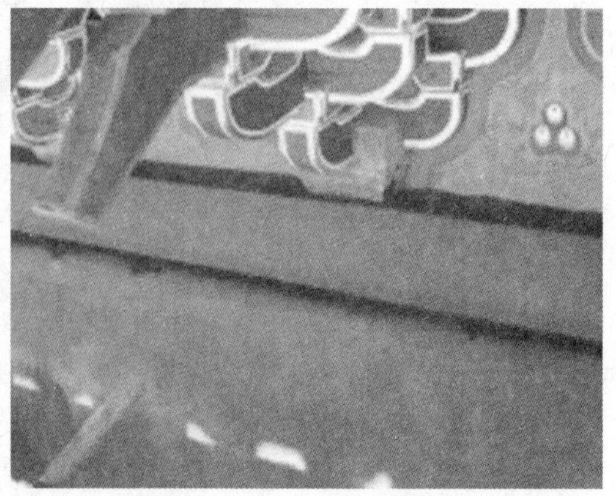

6. 细磨。

7. 描画。

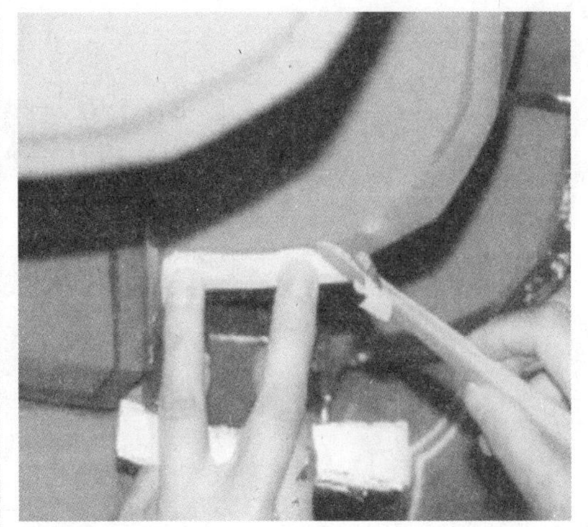

8. 贴金。

9. 完成。

第五章 壁纸裱糊与软包工程

第一节 壁纸裱糊

一、壁纸和墙布

纸浆复合壁纸（胶面壁纸）

木浆纤维壁纸（纸质壁纸）

布浆纤维壁纸（无纺壁纸）

金属壁纸

云母片壁纸

草编壁纸

日本和纸

布面壁纸

硅藻泥壁纸

塑料壁纸

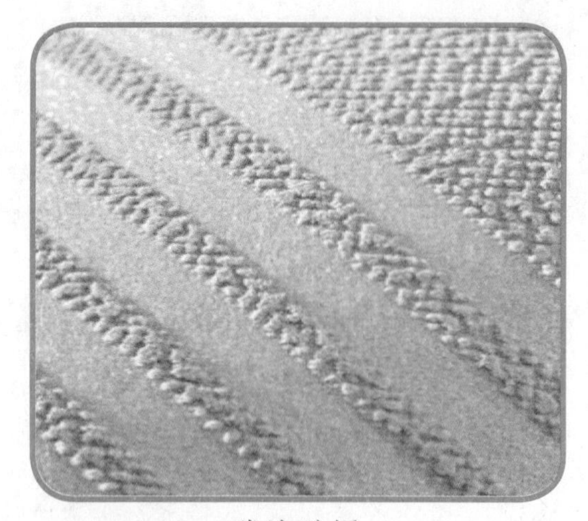

发泡壁纸

锦缎墙布

无纺贴墙布

化纤墙布

植绒墙布

玻璃纤维印花墙布

纯棉装饰墙布

塑胶墙布

自然纤维编织墙布

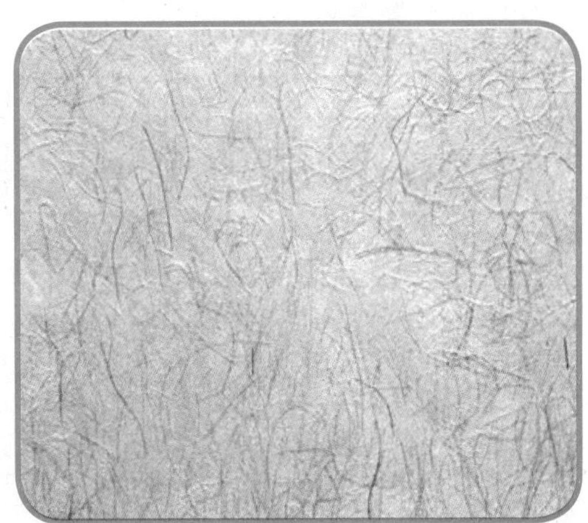

丝质墙布

二、墙纸风格

美式乡村风格

现代简约风格

新古典风格

新中式风格

欧式田园风格

地中海风格

欧式古典风格

雅致主义风格

东南亚风格

日式风格

三、壁纸裱糊施工工艺

贴壁纸的工具及辅料：滚筒、刮板、美工刀、卷尺、水桶、胶粉、浆、基膜。

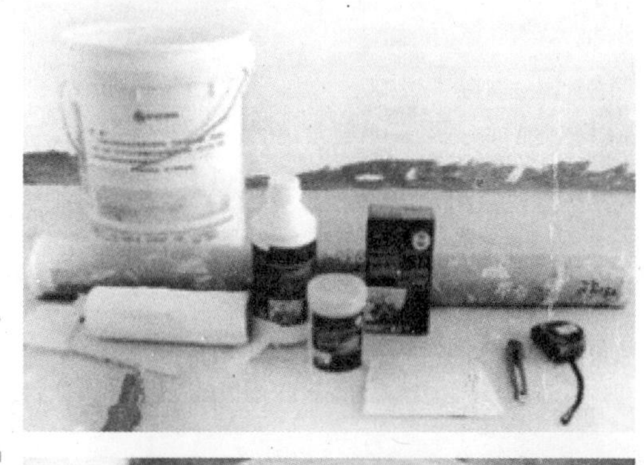

1. 将基膜倒入水桶中，加入同样一瓶基膜的水，可多加点。

2. 将基膜搅拌均匀。

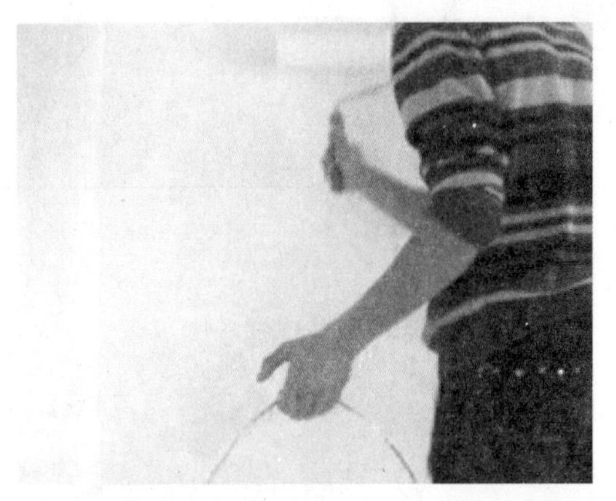

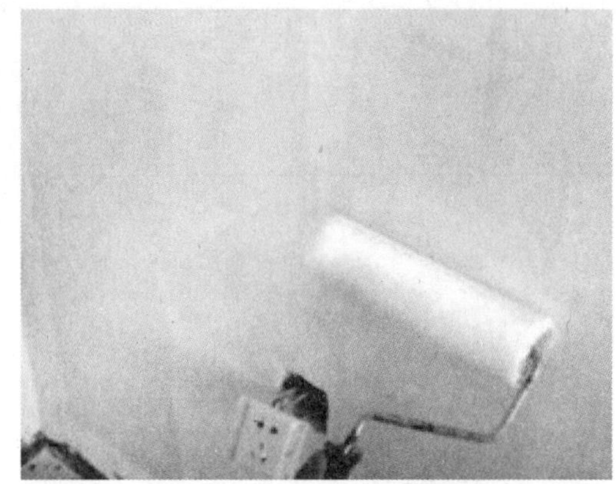

3. 将搅拌好的基膜均匀地刷在墙上。刷墙时注意电源，最好先把电源口用胶带贴好。

4. 倒入胶粉。

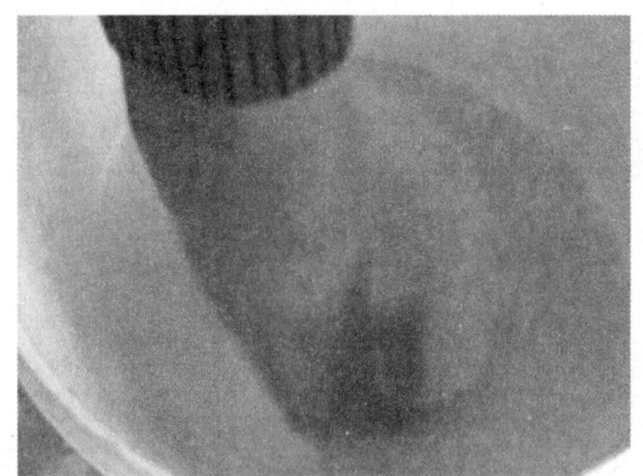

5. 将壁纸胶粉搅拌均匀。

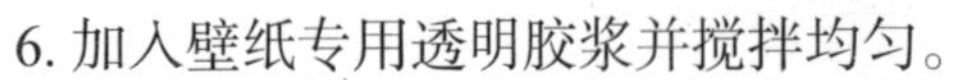

6. 加入壁纸专用透明胶浆并搅拌均匀。

7. 测量墙面的高度，宽度计算需要用的卷数。

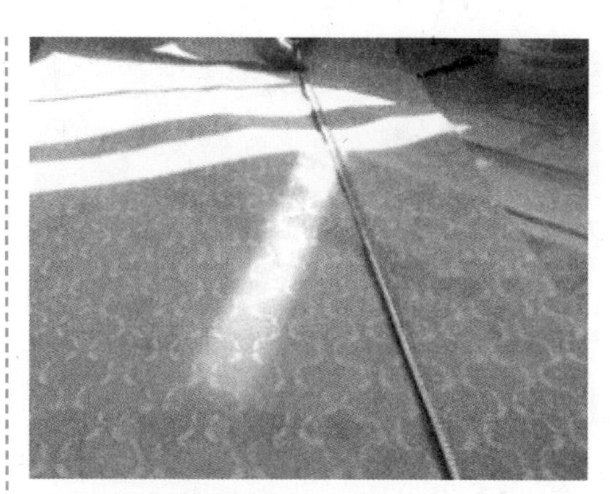

8. 将壁纸铺开，用卷尺量出墙高尺寸的壁纸，要多出 5cm。

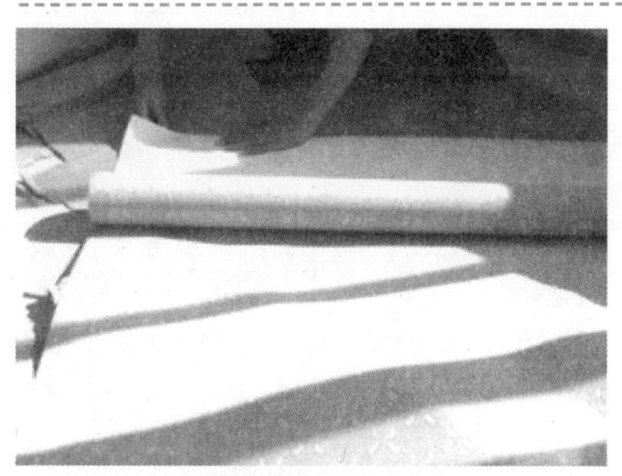

9. 用美工刀裁出第一幅壁纸。

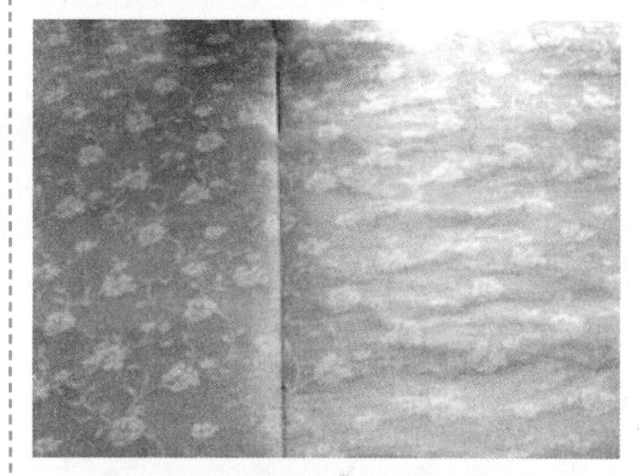

10. 将第二幅摊开和第一幅花型对上，裁出一样的尺寸。

11. 以此类推，算出墙宽所需要的条数（花型要对上，并按编号记住顺序）。

12. 将裁好的壁纸按顺序背朝上重叠均匀地刷上搅拌好的胶水，注意边角刷到位。

13. 将刷好胶水的壁纸，背对背折起，让胶水充分均匀。

14. 按顺序全部折起。

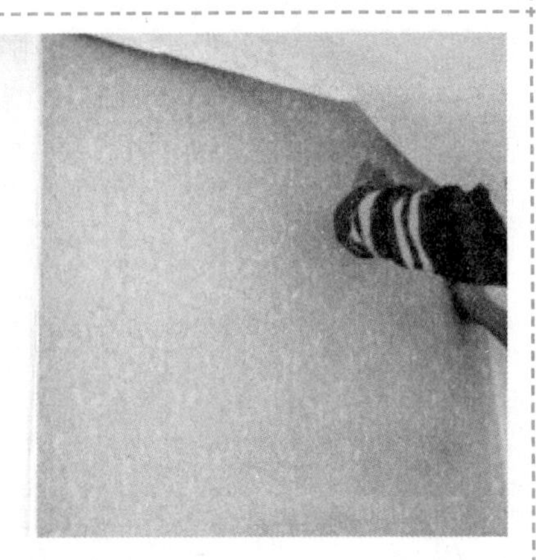

15. 将刷好胶的壁纸拉开，按顺序第一幅先贴，从边角贴起，注意上面要多出一点。

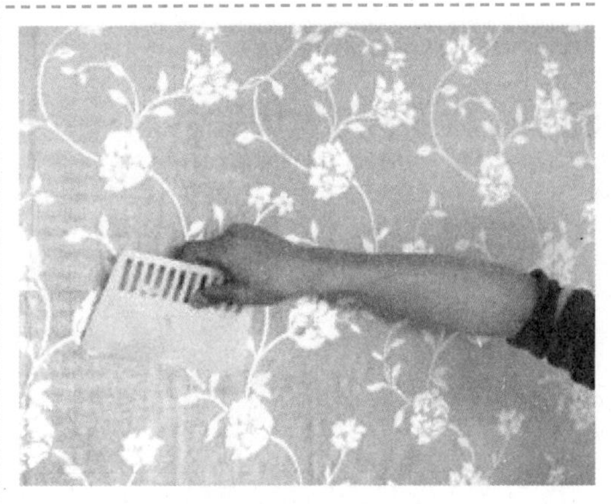

16. 用刮板将壁纸压牢，刮出多余的胶，然后用湿布刮干。

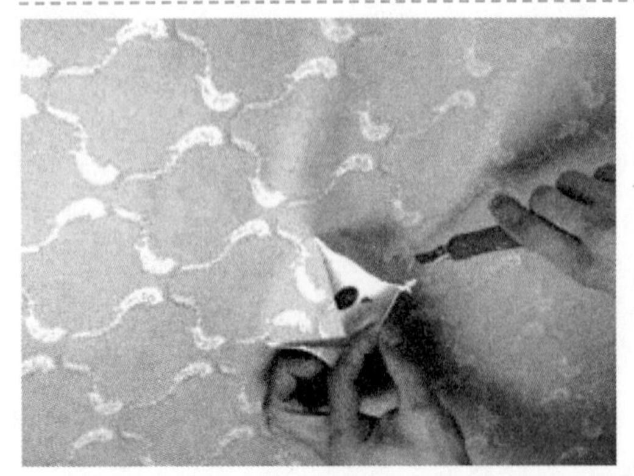

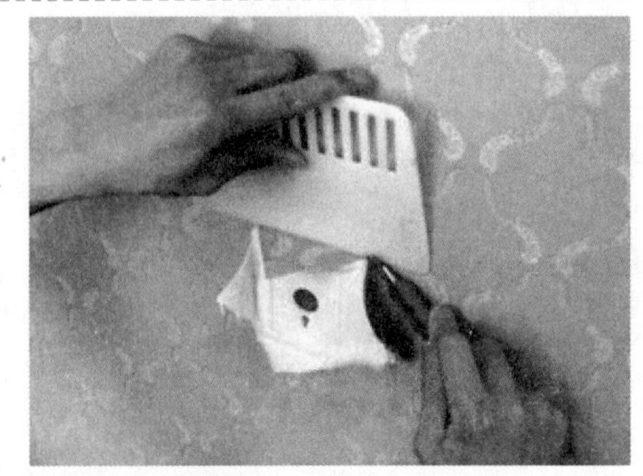

17. 电源开关处要先开十字开口，用刮板压住，裁掉多余部分。

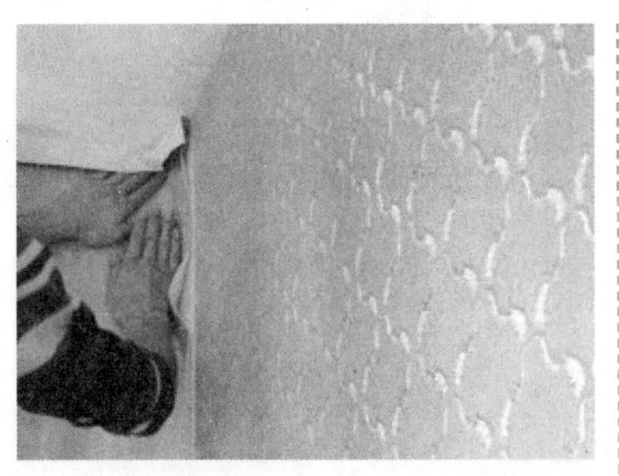

18. 将两幅花型对上，要特别注意阴角线。

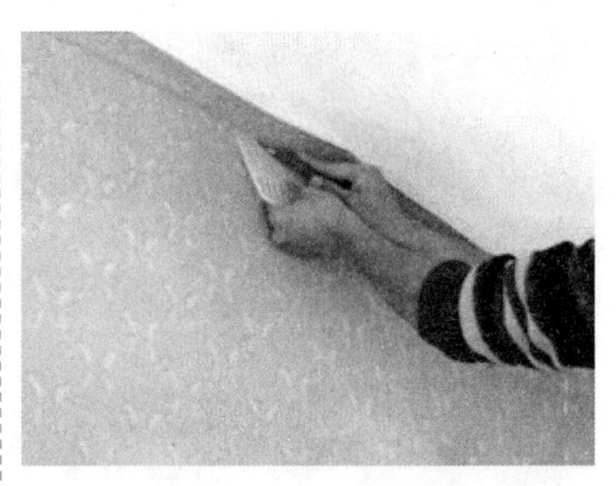

19. 对好花型后，用刮板按住裁掉上面多余的部分。

20. 裁好后，用湿布擦去壁纸表面多余的胶水，贴壁纸就算完成。

第二节　软包工程

工具准备：主要有锤子、电焊机、手电钻、刮刀、裁刀、刮板、毛刷和长卷尺等。

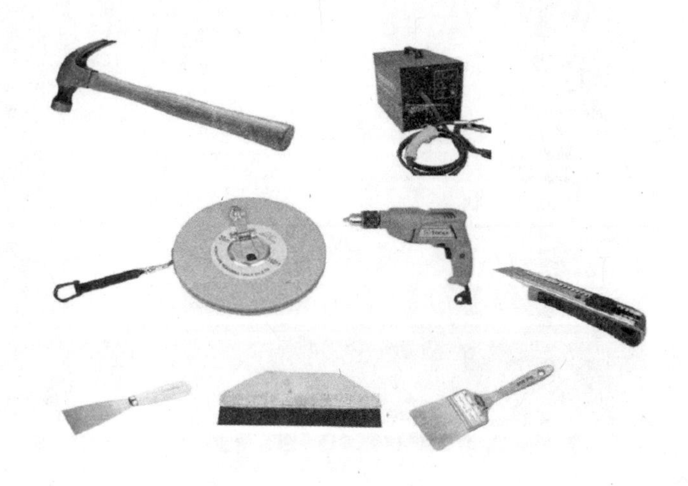

一、软包材料选购

（一）注重软包材料的耐脏性

软包一般不能清洗，所以，必须选择耐脏、防尘性良好的专业软包材料。

（二）注重软包材料的防火性

对软包面料及填塞料的阻燃性能需要严格把关，达不到防火要求的，坚决不能使用。

（三）根据装修风格选软包材料

对于软包材料的选择，应该根据风格等来选择，以便营造所需要的环境气氛。此外，还要与窗帘、沙发、床等整体配套。

（四）软包材料图案的选择

选择的软包材料可以有一定的花纹图案和纹理质感。例如房间较小的可以选用小型图案的软包面料，使图案因远近而产生明暗不同的变化，从而丰富室内表情。

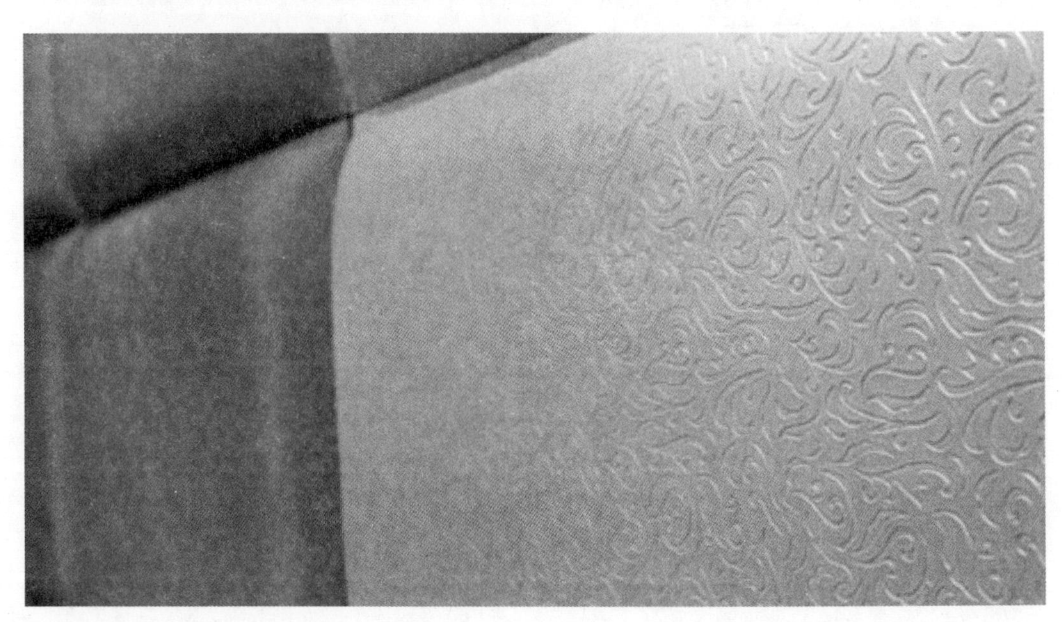

（五）软包材料颜色的选择

在选择软包的颜色时，应考虑到色彩会对人的心理和生理产生影响的特性。如餐厅需要营造出愉悦的用餐气氛，可以选用黄色、红色等材料；而卧室等房间，使用蓝色、青色、绿色的材料，能使人精神紧张转入缓和松弛状态。

二、软包施工工艺

1. 安装前根据安装材料不同，提前准备相应的工具，例如红外线激光水平仪、卷尺、小型空压机、排钉枪、热熔胶枪、热熔胶棒、直尺、美工刀等。

2. 加工好的软包，从包装中取出，摆放好。

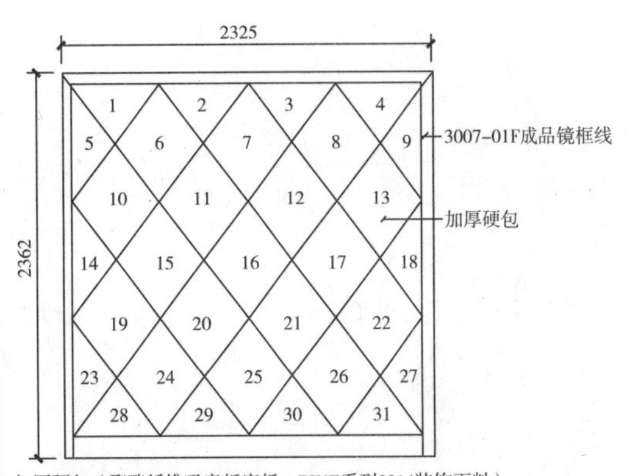

3. 带上安装图（图纸上标记了每块硬包对应的安装位置）。

4. 每块硬包背面标记编号及安装方向。

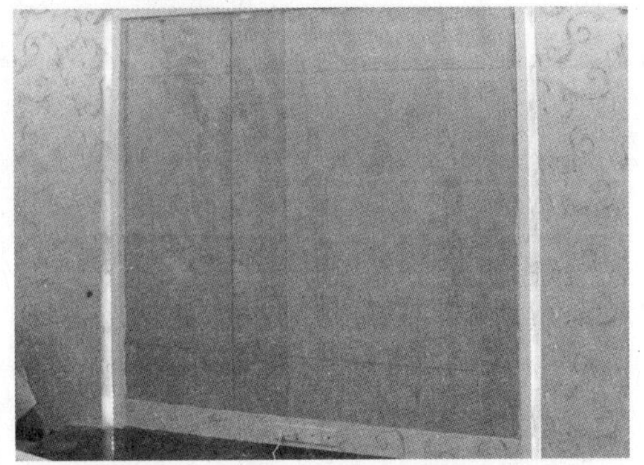

5. 安装部位已经做了木作基层。

6. 软硬包的安装一般从中心向两边安，计算安装部位的中心点。

7. 利用红外线激光水平仪标记中心垂直线。

8. 软 / 硬包的前几块安装很关键，其安装的准确性直接影响后续软 / 硬包及整体的安装质量和效果。所以，要认真地调试和预装。

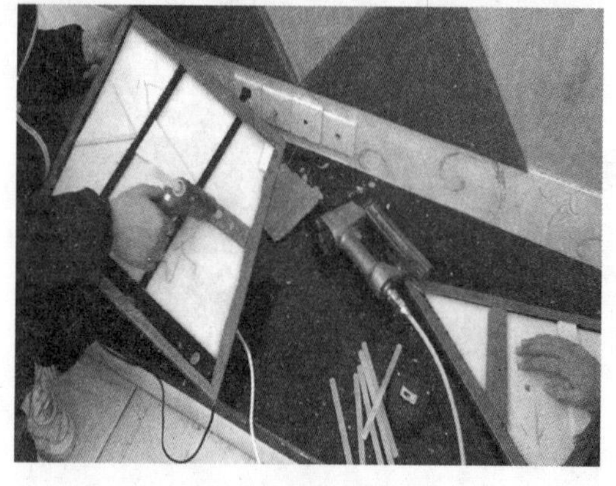

9. 正式安装。硬包背面打上点状热熔胶。

10. 贴在正确的位置上。

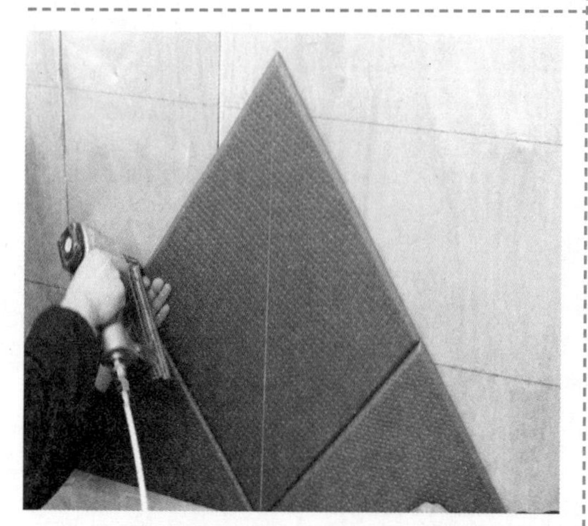

11. 辅助排钉固定在硬包的侧面钉（在正面钉钉子会影响表面效果）。

12. 按标号顺序逐一安装。

13. 局部效果。

14. 根据硬包整体风格及面料色彩选择相协调的成品镜框线。

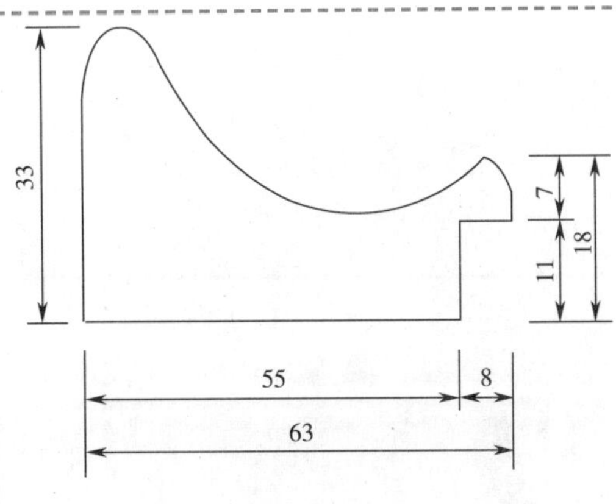

15. 线框线断面图。

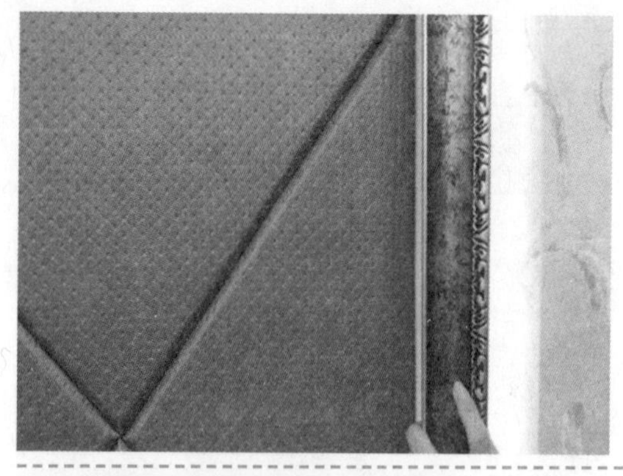

16. 硬包和线条的搭配效果。

17. 相框线的安装。

18. 安装完毕，整体效果。

三、软包背景墙的养护

（一）软包背景墙的成品保护

施工完成后，注意保护好成品，防止污垢及碰撞损坏。

（二）软包背景墙除尘方法

避免拍打软包除尘，否则会使软包变形。

（三）软包背景墙去污渍方法

用稀释的清洁剂刷洗污渍后，需用抹布擦干。

（四）软包背景墙消毒方法

直接使用干净毛巾沾稀释的消毒水擦拭消毒。

（五）软包背景墙日常需防火

附近需避免使用高温照明设备。

第六章　工程质量检查与问题防治

现象 1　流挂

原因分析：

1）刷漆时，漆刷蘸漆过多又未涂刷均匀，刷毛太软漆液又稠，涂不开，或刷毛短漆液又稀。

2）喷涂时漆液的黏度太低，喷枪的出漆嘴直径过大，气压过小，勉强喷涂，距离物面太近，喷枪运动速度过慢，油性漆、烘干漆干燥慢，喷涂太重叠。

3）浸涂时，黏度过大、涂层厚会流挂，有沟、槽形的零件易于存漆也会溢流，甚至涂件下端形成珠状不易干透。

4）涂件表面凸凹不平，几何形状复杂。

5）施工环境湿度高，涂料干燥太慢。

防治方法：

1）漆刷蘸漆一次不要太多，漆液稀刷毛要软，漆液稠刷毛宜短，刷涂厚薄要适中，涂刷要均匀，最后收理好。

2）漆液黏度要适中，喷硝基漆喷嘴直径略大一点，气压 4~5kg/cm^2，距离工件约 20cm；喷油性漆喷嘴直径略小一点，距离工件 20~30cm；油性漆或烘干漆不能过于重叠喷涂。

3）浸涂黏度以 18~20s 为宜，浸漆后用滤网放置 20min，再用离心设备及时除去涂件下端及沟槽处的余漆。

4）可以选用刷毛长、软硬适中的漆刷。

5）根据施工环境条件，先作涂膜干燥试验。

现象 2 遮盖力差

原因分析：

1）底漆和面漆颜色反差明显。

2）油漆被过度稀释，漆膜太薄。

3）墙面基底为凹凸面，通常凸面漆膜过薄。

4）鲜红、鲜黄颜色部分深色和艳色（如深蓝、鲜红、鲜黄、鲜橙等）墙面漆本身遮盖力差。

防治方法：

1）使用与面漆颜色相类似，但稍浅的中层漆或底漆。

2）控制稀释比例。

3）使用滚筒施工效果较好。

4）对某些颜色或墙面基底，应适当增加面漆涂刷层数。

现象 3 裂纹

原因分析：

1）一次涂刷过厚或未干重涂。

2）墙面基底过于疏松或粗糙。

3）施工时温度过低。

4）油漆底漆与面漆不配套。

防治方法：

1）铲除受影响漆膜。

2）确保漆膜一次施工不会太厚。

3）确保前层漆膜干透后才重涂。

4）必要时，用合适的底漆封固墙面基底。

5）对于粗糙度大的内墙墙面基底，建议使用柔韧性佳的产品。

6）墙面基底温度低于 5℃时，不可施工墙面乳胶漆。

7）底漆与面漆要配套。

现象 4 起皮、剥落

原因分析：

1）基层未清理干净，有浮灰、污渍，涂层与腻子粘接不够。

2）腻子粘接力差或涂料成膜不够，底材耐水性差。

防治方法：

1）基层处理恰当，保持良好的施工卫生条件。

2）让涂料黏度适当，每层漆膜不宜过厚，漆刷毛不要太长太软，同时避免阳光直射和强风吹拂。

现象 5 起泡

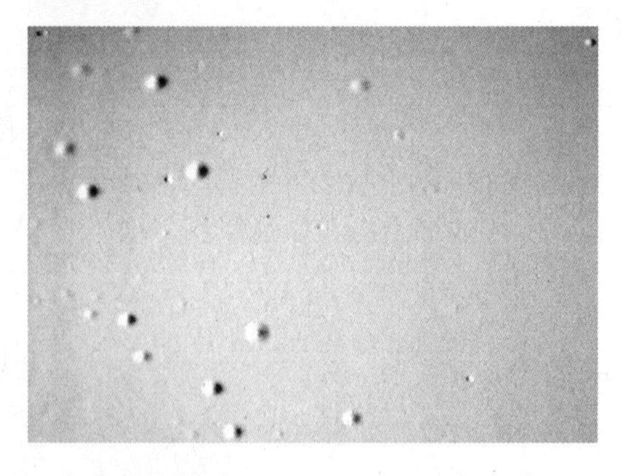

原因分析：

1）墙面基底水分过高，水分向外扩散时其压力把漆膜鼓起。

2）土建时的防水处理差，导致水分通过裂缝或未上漆基面进入墙体另一面的基底。或有漏水扩散时破坏漆膜。

防治方法：

1）铲除所有起泡、剥落部分，若是由于墙面基底的腻子所引起的问题，铲除腻子并用合适的腻子重刮。

2）遵循施工规范，做好墙面基底防水层。

3）施工前对墙面基底裂缝进行修补，保证墙面基底水分含量符合施工要求，必要时在局部区域增加漆层防止雨水渗入。

现象 6　涂膜黄变

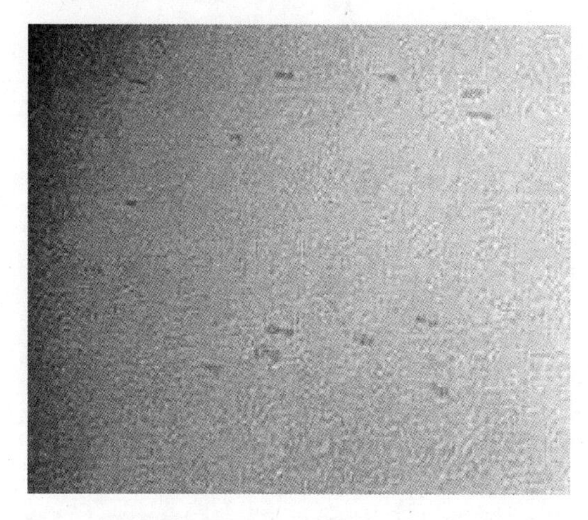

原因分析：

1）涂料配方使用某些性能不稳定的白颜料，在接受光氧作用时，易于变色。

2）乳胶漆涂料同溶剂型涂料一起施工，乳胶漆受溶剂型涂料的影响变黄。

3）涂膜受碱性的影响、水的浸泡等也会导致泛黄。

防治方法：

1）选用耐黄变的乳液以及化学性能稳定的颜料生产涂料。

2）在装修涂装过程中，先涂刷溶剂型涂料，待干透后一段时间再施工乳胶漆涂料。

现象 7　粉化

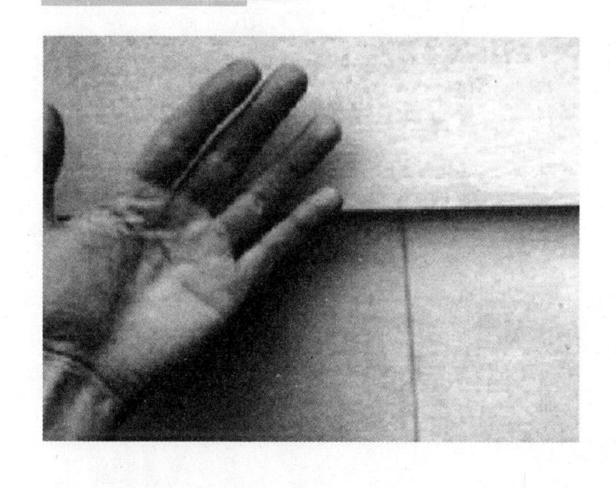

原因分析：

1）涂料质量差，基料不足以包覆所有的颜填料粒子，部分颜填料粒子松散地堆积在涂膜中。

2）涂料施工过度兑水稀释，涂膜疏松不耐擦拭。

3）涂料施工温度低、湿度大，或风大、成膜干燥慢、乳胶粒成膜性差。

4）墙面碱性过重，泛碱。

防治方法：

1）选用优质涂料，涂料施工控制稀释程度，提高涂膜密实度。

2）选用优质封闭底漆，作好基底处理工作。

3）施工注意天气环境，不在恶劣的环境下施工。

现象 8 咬底

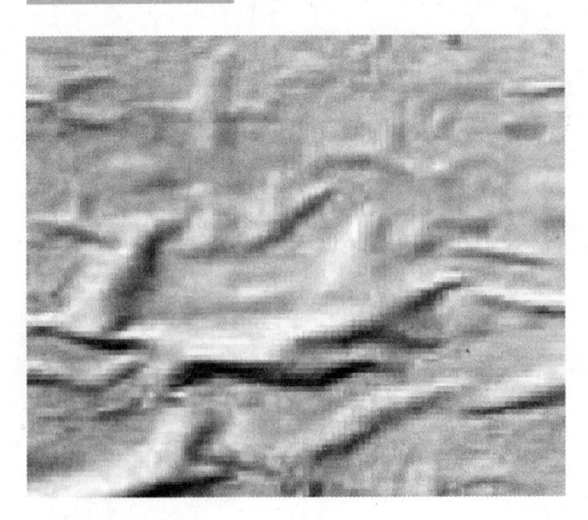

原因分析：

由于底漆未彻底干透就涂刷面漆，或前道漆与后道漆不配套所引起的漆膜鼓起移位、溶解、起皱、收缩、脱落等。多见于溶剂型涂料。

防治方法：

涂层施工必须按指定的时间间隔进行，头道漆要彻底干透后再涂第二层，用配套体系的漆涂装。

现象 9 漆面发霉变味

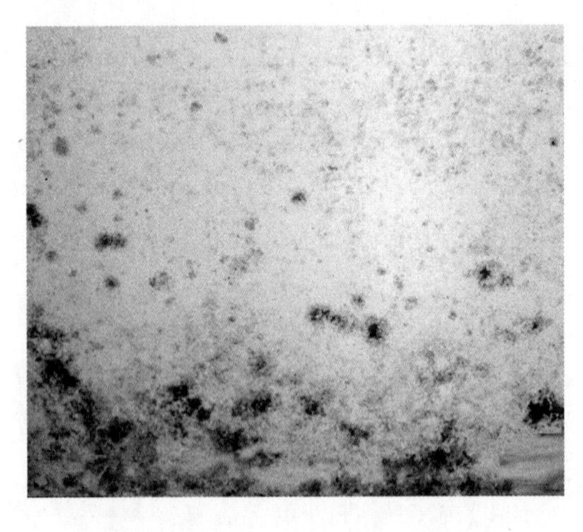

原因分析：

夏季潮湿，如果不能进行良好的通风，漆膜容易因潮湿高温发霉变味。

防治方法：

1）打 3~4 遍腻子后才可刷涂料。

2）腻子干燥时间尽量延长，做好通风。

3）刮腻子前刷界面剂。

现象 10　桔皮

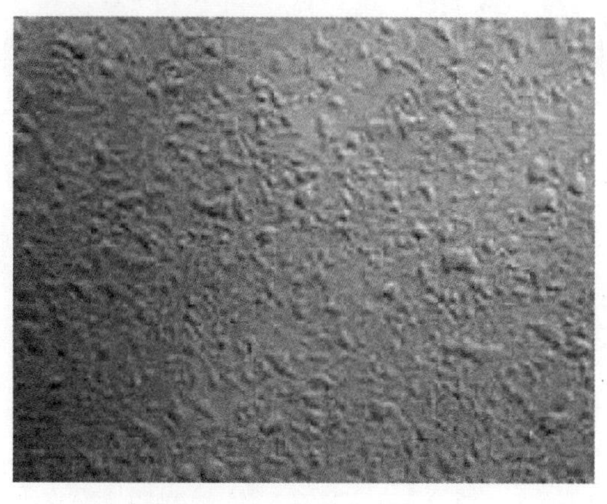

原因分析：

1）油漆太稠，稀释剂过少。

2）未采用合适的喷涂距离与喷涂压力。

3）施工场地温度过高，风速过快，干燥过快，油漆无法充分流平。

4）加入固化剂后放置时间过长。

防治方法：

1）注意油漆配比，合理调漆。

2）充分熟练喷枪的使用方法。

3）改善施工场所的条件。

4）使用合适的稀释剂，加入固化剂后尽快用完。

5）增加适量氧化锌可消除此现象。

现象 11　针孔

原因分析：

1）涂漆后，在溶剂挥发到初期结膜阶段，由于溶剂的急剧挥发，特别是受高温烘烤时，漆膜本身来不及补足空档，而形成一系列小穴即针孔。

2）溶剂使用不当或湿度过高，如沥青烘漆用汽油稀释就会产生针孔，若经烘烤则更严重。

3）施工不妥，腻子层不光滑。未涂底漆或二道底漆，急于喷面漆。硝基漆比其他漆尤显突出。

4）施工环境湿度过高，喷涂设备油水分离器失灵，空气未过滤，喷涂时水分随空气管带入经由喷枪出漆嘴喷出，也会造成漆膜表面针孔，甚至起水泡。

防治方法：

1）烘干型漆黏度要适中，涂漆后在室温下静置15min。烘烤时，先以低温预热，按规定控制温度和时间，让溶剂能正常挥发。

2）沥青烘漆用松节油稀释，涂漆后静置15min，烘烤时先以低温预热，按规定控制温度和时间。

3）腻子涂层要刮光滑，喷面漆前涂好底漆或二道底漆，再喷面漆。如要求不高，底漆刷涂比喷涂好，刷涂可以填针孔。

4）喷涂时，施工环境相对湿度不大于70%，检查油水分离器的可靠性，压缩空气须过滤，杜绝油和水及其他杂质。

现象12　泛白

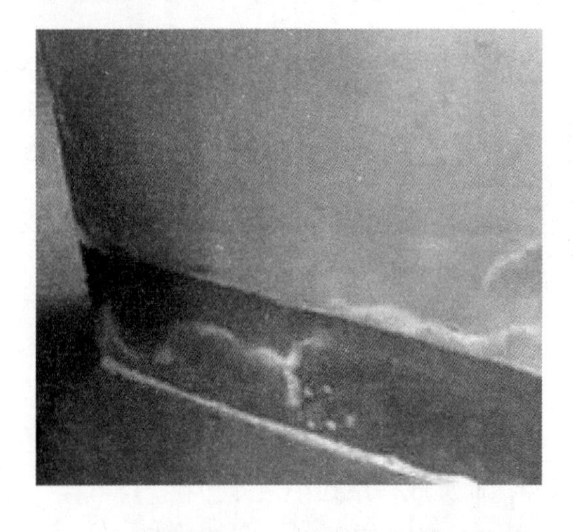

原因分析：

1）湿度过高。空气中相对湿度超过80%时，由于涂装后挥发性漆膜中溶剂的挥发，使温度降低，水分向漆膜上积聚形成白雾。

2）水分影响。喷涂设备中有大量水分凝聚，在喷涂时水分进入漆中。

3）薄钢板比厚钢板和铸件热容量小，冬季在薄板件上漆膜易泛白。

4）溶剂不当。低沸点稀料较多或稀料内含有水分。

防治方法：

1）喷涂挥发性漆时，选择湿度小的天气，如需急用，可将涂件经低温预热后喷涂，或加入相应的防潮剂来防治。

2）喷涂设备中的凝聚水分必须彻底清除干净，检查油水分离器的可靠性。

3）将活动钢板制件经低温加热喷涂，固定装配的薄钢板制件可喷火焰来解决。

4）低沸点稀料内可加防潮剂，稀料内含有水分应更换。

现象 13　返碱

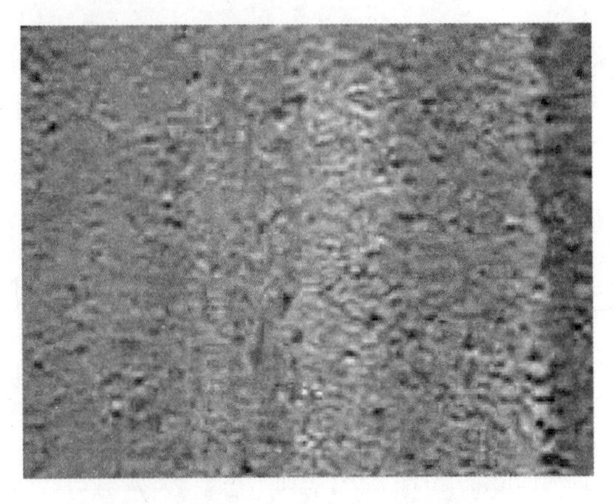

原因分析：

1）基材碱性太高或腻子质量太差，选用高碱性水泥。

2）封闭底漆封闭性差，不耐水、耐碱。

3）外墙面漆的抗雨水渗透性差，大量雨水的渗透，在雨过天晴后，水气往外蒸发。

防治方法：

1）减低墙体碱性。对高碱性墙面使用10%的草酸溶液洗刷中和，再用清水冲洗墙面，干燥后封底涂刷涂料。

2）加强对底材的封闭。选用渗透封闭作用强的封闭底漆，如溶剂型封闭底漆，溶剂型封底漆封闭性最好。

现象 14　发花

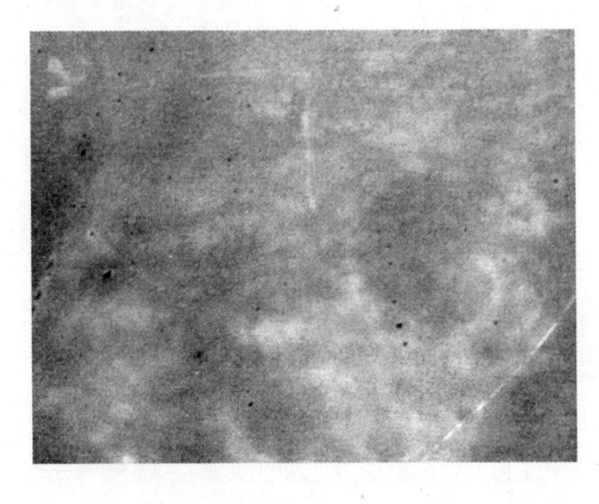

原因分析：

1）中蓝醇酸磁漆加白酚醛磁漆拼色混合，即使搅拌均匀，有时也会产生花斑，涂刷时更为明显。

2）灰色、绿色或其他复色漆，颜料比重大的沉底，轻的浮在上面，搅拌不彻底以致色漆有深有浅。

3）漆刷有时涂深色漆后未清洗，涂刷浅色漆时，刷毛内深色渗出。

防治方法：

1）用中蓝醇酸磁漆和白醇酸磁漆混合，而且要将桶内色漆兜底搅拌均匀。

2）对颜料比重大小不同的色漆尤要注意，要彻底搅拌均匀。

3）涂过深色漆的漆刷要清洗干净。

现象 15 慢干和返粘

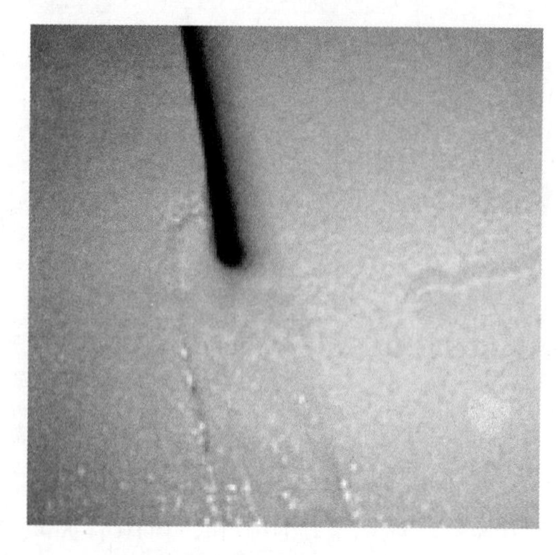

原因分析：

1）底漆未干透，过早涂上面漆，甚至面漆干燥也不正常，影响内层干燥，不但延长干燥时间，而且漆膜发黏。

2）被涂物面不清洁，物面或底漆上有蜡质、油脂、盐类、碱类等。

3）漆膜太厚，氧化作用限于表面，使内层长期没有干燥的机会，如厚的亚麻仁油制的漆涂在黑暗处要发黏数年之久。

4）木材潮湿，温度又低，涂漆时表面似乎正常，气温升高时就有返黏现象，因木材本身有木质素，还含油脂、树脂精油、单宁、色素、含氮化合物等，会与涂料作用。

5）因旧漆膜上附着大气污染物（硫化、氮化物），能正常干燥的涂料，涂在旧漆膜上干燥很慢，甚至不干。住宅厨房的门窗尤为突出。预涂底漆放置时间长有慢干现象。

6）天气太冷或空气不流通，使氧化速度降低，漆膜的干燥时间延长。如果干燥时间过长，必定导致返粘。

防治方法：

1）底漆要干透，才能涂面漆。

2）涂漆前将涂件表面处理干净，木材上松脂节疤，处理干净后用虫胶清漆封闭。

3）涂料黏度要适中，漆膜宜薄，底漆未干透不加面漆，第一层面漆未干透，不加第二层面漆，根据使用环境，选用相适应的涂料。

4）木材必须干燥，含水量最高不超过 15%。必要时木材可进行低温烘干。有松脂的，在涂漆前用虫胶清漆封闭，涂漆不宜过厚，涂漆多层时待每一层漆干透后再加漆。

5）旧漆膜应进行打磨及清洁处理，对大气污染的旧漆膜用石灰水清洗（50kg 水加消石灰 3~4kg），有污垢的部位还要用刷子刷一刷，油污太多时，可用汽油抹洗。

6）天气骤冷时，不要急于涂漆，应先在漆内加入适量催干剂并充分搅拌均匀待用，再做涂膜干燥试验，如不准确再行调整，待干燥可靠后再涂漆。

现象 16　刷痕和脱毛

原因分析：

1）因底漆颜料分含量多，稀释不足，涂刷时和干燥后都会现刷痕，涂完面漆也现刷痕。

2）涂料黏度太稀，刷毛不齐，较硬。

3）漆刷保养不善，刷毛不清洁，刷毛干硬折断脱毛，或毛刷过旧。

4）漆刷本身质量不良，刷毛未粘牢固，有时毛层太薄太短，有时短毛残藏毛刷内，毛口厚薄不匀，刷毛歪歪斜斜。

防治方法：

1）涂刷底漆宜稀，干后，用细砂纸打平刷痕来防治，只要底漆平滑，面漆就会光滑。

2）黏度不宜过稀，改用刷毛整齐的软毛刷。

3）刷毛内有脏物要铲除干净，不让其干、硬，漆刷太旧要更换。

4）如刷毛粘在漆面，应用毛刷角轻轻理出、用手拈掉，刷痕用砂纸磨平。脱毛严重的刷子不能使用。要选购刷毛粘接牢固、毛口厚薄均匀、刷毛垂直整齐的刷子。

现象 17 漆膜粗糙

原因分析：

1)施工环境不清洁，尘埃落于漆面。

2）涂漆工具不清洁，漆刷内含有灰尘颗粒、干燥碎漆皮等杂质，涂刷时杂质随漆带出。

3）漆皮混入漆内，造成漆膜呈现颗粒。

4）喷枪不清洁，用喷过油性漆的喷枪喷硝基漆时，溶剂将漆皮咬起成渣带入漆中。

防治方法：

1）施工前打扫场地，工件揩抹干净。

2）涂漆前检查刷子，如有杂质，用刮子铲除毛刷内脏物。

3）细心用刮子去掉漆皮，并将漆过滤。

4）喷硝基漆最好用专用喷枪，如用油性漆喷枪喷硝基漆，事先要清洗干净。

现象 18 墙纸翘边

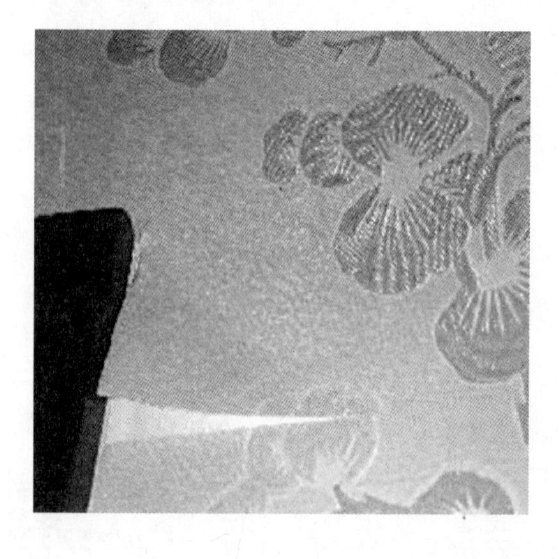

原因分析：

1）基层有灰尘、油污等，基层表面粗糙、太干或潮湿，使胶液与基层黏结不牢。

2）胶粘剂胜性小，造成纸边翘起，尤其是阴角处，第二张壁纸粘贴在第一张壁纸的塑料面上，更易出现边翘。

3）阳角处包过阳角的壁纸少于2cm，未能克服壁纸表面张力，也易起翘。

防治方法：

1）基层表面的灰尘、油污等必须清除干净，含水率不超过8%，若表面凹凸不平，必须用腻子刮抹平整。

2）根据不同的壁纸，选择不同的黏结胶液。

3）阴阳角壁纸搭缝时，应该先裱糊压在里面的壁纸，再用黏性较大的胶液粘贴面层壁纸。搭接面应按照阴角垂直度而定，搭接宽度通常不小于2~3mm，纸（布）边搭在阴角处，且保持垂直无毛边。

4）不得在阳角处甩缝，壁纸裹过阳角应该不小于2cm，包角壁纸须使用黏结性较强的胶液，要压实不能有空鼓和气泡，上下必须垂直，不可倾斜。有花饰的壁纸更应该注意花纹与阳角直线的关系。

5）将翘边壁纸翻起来，检查产生的原因，属于基层有污物的，等待清理后，补刷胶液粘牢；属于胶粘剂胶性小的，应该换用胶性较大的胶粘剂粘贴；若翘边已坚硬，除应该使用较强的胶粘剂粘贴外，还应加压，等待粘牢平整后，方能去掉压力。

现象19　相邻壁纸搭缝

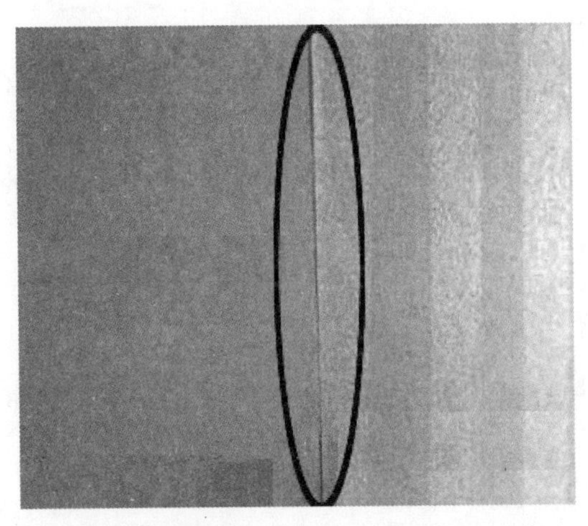

原因分析：

1）在裁割壁纸时，出现凸起或毛边。

2）粘贴无收缩性的壁纸时，出现搭接。

3）有搭缝弊病的壁纸工程处理方法不当。

防治方法：

1）壁纸裁割时，应保证壁纸边直而光洁，没有毛边和凸出。更应该注意塑料层较厚的壁纸，若裁割只割掉塑料层而留下纸基，会造成搭缝隐患。

2）粘贴无收缩的壁纸不准搭接。对收缩性较大的壁纸，为了适应收缩，粘贴时可以适当多搭接一些。因此，粘贴壁纸前应该先试贴，掌握壁纸的性能后方能取得良好的效果。

3）有搭缝弊病的壁纸工程，通常可用钢尺压紧在搭缝处，用刀沿尺边裁割掉搭接的壁纸，处理平整，在将面层壁纸粘贴好。

现象 20 壁纸空鼓（气泡）

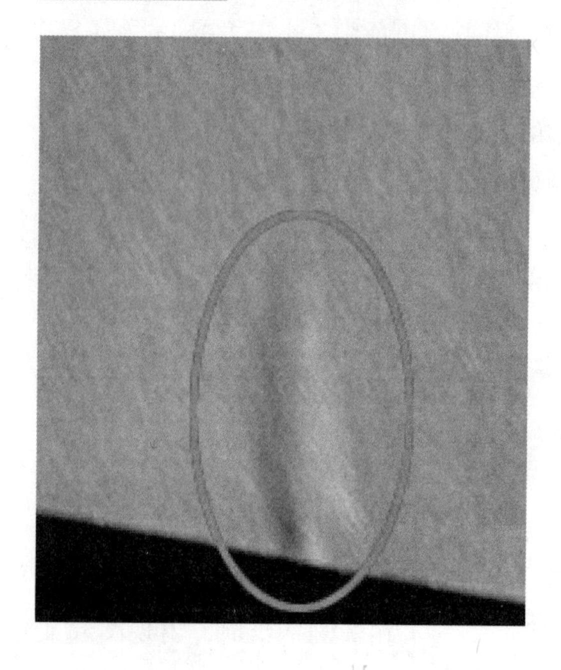

原因分析：

1）阳角处的粘贴多数采用整张纸，难以照顾到两个面一个角；因为阴角不平、不直，漏刷也容易导致空鼓。

2）粘贴壁纸时，赶压不当，反复挤压胶粘剂次数过多，使胶粘剂干结失去黏结作用；或者赶压力量太小，未将多余的胶粘剂挤出来，长期留在壁纸内部不可干结，形成胶囊；或者未将壁纸内部的空气赶出而形成气泡。

防治方法：

1）严格按照壁纸粘贴工艺操作，须用胶滚和橡胶刮板由里向外滚压，赶出气泡和多余的胶粘剂。

2）裱糊壁纸的基层须干燥，含水率不可超过 8%。有孔洞或凹陷处，须用石膏腻子或乳胶腻子、滑石粉、大白刮抹平整。必须将尘土、油污清理干净。

3）若石膏板表面纸基起泡、脱落，须铲除干净，重新将纸基修补好。

4）涂刷胶粘剂须厚薄均匀一致，以防漏刷。为避免胶粘剂不均，涂刷胶粘剂后可以用橡皮刮板满刮一遍，回收再用多余的胶粘剂。

5）由于基层含有空气或者潮气导致的空鼓，应该用刀子将壁纸割开，放出空气或潮气，等待基层完全干燥或将鼓包内的空气排出后，用注射针将胶粘剂注入鼓包内压实，使其黏结牢固。壁纸内含有胶液过多时，使用注射针穿透壁纸层，将胶液吸收后再压实即可。或用壁纸刀将壁纸划开，挤出多余胶液，再用刮板刮平。

现象 21 裱糊面褶皱不平

原因分析：

1）基层表面粗糙，批刮腻子不平整，粉尘与杂物未清理干净，或砂纸打磨不仔细。

2）壁纸材质不符合质量要求，壁纸较薄，对基层不平整度较敏感。

3）裱糊技术水平低，操作方法不正确。

防治方法：

1）基层表面的粉尘与杂物必须清理干净。对表面凹凸不平较严重的基层，首先要大致铲平，然后分层批刮腻子找平，并用砂纸打磨平整、洁净。

2）选用材质优良与厚度适中的壁纸。

3）裱糊壁纸时，应用手先将壁纸铺平后，才能用到刮板缓慢抹压，用力要均匀。若壁纸尚未铺平整，特别是壁纸已出现皱纹，必须将壁纸轻轻揭起，用手慢慢推平，待无皱纹、切实铺平后方能抹压平整。

现象 22 壁纸发霉

原因分析：

1）裱糊过程中没有及时用湿毛巾擦净胶痕。

2）基层处理有缺陷，未将铁钉等封闭，或未将水溶性的颜料等加以封闭。

3）房间潮湿，基层霉变。

4）胶粘剂不洁或陈旧。

5）施工不仔细，操作不认真。

防治方法：

1）基层处理要达标。对含碱基层、木基层上的水溶性着色剂、钉帽等一定要封闭。不使之与壁纸发生接触或反应。

2）施工时，要用洁净的抹布随时擦去余胶。

3）对易霉变的环境，应加入防霉剂，采用防霉壁纸。

4）胶粘剂不应放置过久，不使用过热的浆糊，以免壁纸浸湿过度，造成污染。

5）在过于密实无孔的基层（如塑料、有光漆涂饰面、瓷砖）上粘贴壁纸，应有衬底，不使胶粘剂干燥过慢，造成污染。

6）对湿度较大的房间和经常潮湿的墙体应采用防水性能好的壁纸及胶粘剂，有酸性腐蚀的环境应采用防酸壁纸及胶粘剂。

7）玻璃纤维布及无纺贴墙布，裱糊前不应浸泡，只用湿毛巾涂擦后折叠备用即可。

参考文献

[1] 中华人民共和国建设部．建筑装饰装修工程质量验收规范：GB 50210—2001[S]. 北京：中国建筑工业出版社，2001.

[2] 河南省住房和城乡建设厅．民用建筑室内环境污染控制规范：GB 50325—2010[S]. 北京：中国计划出版社，2011.

[3] 中华人民共和国住房和城乡建设部．建筑涂饰工程施工及验收规程：JGJ/T 29—2015[S]. 北京：中国建筑工业出版社，2015.

[4] 住房和城乡建设部建筑工程标准技术归口单位．建筑室内用腻子：JG/T 298—2010[S]. 北京：中国标准出版社，2011.

[5] 中华人民共和国住房和城乡建设部．建筑装饰装修职业技能标准：JGJ/T 315—2016[S]. 北京：中国建筑工业出版社，2016.

[6] 陈高峰．油漆工 [M]. 北京：中国电力出版社，2014.

[7] 曹京宜．实用涂装基础及技巧 [M]. 北京：化学工业出版社，2002.

[8] 朱庆红．油漆工实用技术手册 [M]. 南京：江苏科学技术出版社，2002.